全国高等院校艺术设计应用与创新规划教材

总主编　李中扬　杜湖湘

家具设计基础

主　编　江寿国
副主编　赵　茜

武汉大学出版社

图书在版编目（CIP）数据

家具设计基础/江寿国主编；赵茜副主编.—武汉：武汉大学出版社，
2009.10（2013.12重印）
全国高等院校艺术设计应用与创新规划教材/李中扬　杜湖湘总主编
ISBN 978-7-307-06986-2

Ⅰ．家… Ⅱ.①江… ②赵… Ⅲ.家具—设计—高等学校：技术学校—教材
Ⅳ.TS664.01

中国版本图书馆CIP数据核字(2009)第057989号

责任编辑：易　瑛

出版发行：武汉大学出版社　　　（430072　武昌　珞珈山）
　　　　　（电子邮件：cbs22@whu.edu.cn　网址：www.wdp.com.cn）
印刷：湖北恒泰印务有限公司
开本：787×1092　1/16　印张：8.75　字数：259千字
版次：2009年10月第1版　　2013年12月第2次印刷
ISBN 978-7-307-06986-2/TS·20　　定价：32.00元

版权所有，不得翻印；凡购买我社的图书，如有缺页、倒页、脱页等质量问题，请与当地图书销售部门联系调换。

全国高等院校艺术设计应用与创新规划教材编委会

主　　任： 　　　　　　　　尹定邦　　中国工业设计协会副理事长
　　　　　　　　　　　　　　　　　　　　广州美术学院教授、博士生导师

执行主任： 　　　　　　　　李中扬　　首都师范大学美术学院教授、设计学科带头人

副 主 任： 　　　　　　　　杜湖湘　　张小纲　　汪尚麟　　陈　希　　戴　荭

成　　员： 　　　　　　　　　　　　　　　　　　　　　　　（按姓氏笔画排列）

　　　　　王广福　　王　欣　　王　鑫　　邓玉璋　　仇宏洲　　石增泉
　　　　　刘显波　　刘　涛　　刘晓英　　刘新祥　　江寿国　　华　勇
　　　　　李龙生　　李　松　　李建文　　汤晓颖　　张　昕　　张　杰
　　　　　张朝晖　　张　勇　　张鸿博　　吴　巍　　陈　纲　　杨雪松
　　　　　周承君　　周　峰　　罗瑞兰　　段岩涛　　夏　兵　　夏　晋
　　　　　黄友柱　　黄劲松　　章　翔　　彭　立　　谢崇桥　　谭　昕

　　　　　　　　　　　　　　　　学术委员会：（按姓氏笔画排列）

　　　　　马　泉　　孔　森　　王　铁　　王　敏　　王雪青　　许　平
　　　　　刘　波　　吕敬人　　何人可　　何　洁　　吴　勇　　肖　勇
　　　　　张小平　　范汉成　　赵　健　　郭振山　　徐　岚　　贾荣林
　　　　　袁熙旸　　黄建平　　曾　辉　　廖　军　　谭　平　　潘鲁生

总　序

尹定邦　中国现代设计教育的奠基人之一，在数十年的设计教学和设计实践中，开辟和引领了中国现代设计的新思维。现任中国工业设计协会副理事长，广州美术学院教授、博士生导师；曾任广州美术学院设计分院院长、广州美术学院副院长等职。

我国经济建设持续高速地发展和国家自主创新战略的实施，迫切需要数以千万计的经过高等教育培养的艺术设计的应用型和创新型人才，主要承担此项重任的高等院校，包括普通高等院校、高等职业技术院校、高等专科学校的艺术设计专业近年得到超常规发展，成为各高等院校争相开办的专业，但由于办学理念的模糊、教学资源的不足、教学方法的差异导致教学质量良莠不齐。整合优势资源，建设优质教材，优化教学环境，提高教学质量，保障教学目标的实现，是摆在高等院校艺术设计专业工作者面前的紧迫任务。

教材是教学内容和教学方法的载体，是开展教学活动的主要依据，也是保障和提高教学质量的基础。建设高质量的高等教育教材，为高等院校提供人性化、立体化和全方位的教育服务，是应对高等教育对象迅猛扩展、经济社会人才需求多元化的重要手段。在新的形式下，高等教育艺术设计专业的教材建设急需扭转沿用已久的重理论轻实践、重知识轻能力、重课堂轻市场的现象，把培养高级应用型、创新型人才作为重要任务，实现以知识为导向到以知识和技能相结合为导向的转变，培养学生的创新能力、动手能力、协调能力和创业能力，把"我知道什么"、"我会做什么"、"我该怎么做"作为价值取向，充分考虑使用对象的实际需求和现实状况，开发与教材适应配套的辅助教材，将纸质教材与音像制品、电子网络出版物等多媒体相结合，营造师生自主、互动、愉悦的教学环境。

当前，我国高等教育已经进入一个新的发展阶段，艺术设计教育工作者为适应经济社会发展，探索新形势下人才培养模式和教学模式进行了很多有益的探索，取得了一批突出的成果。由武汉大学出版社策划组织编写的全国高等院校艺术设计应用与创新规划教材，是在充分吸收国内优秀专业基础教材成果的基础上，从设计基础入手进行的新探索，这套教材在以下几个方面值得称道：

其一，该套教材的编写是由众多高等院校的学者、专家和在教学第一线的骨干教师共同完成的。在教材编撰中，设计界诸多严谨的学者对学科体系结构进行整体把握和构建，骨干教师、行业内设计师依据丰富的教学和实践经验为教材内容的创新提供了保障与支持。在广泛分析目前国内艺术设计专业优秀教材的基础上，大家努力使本套教材深入浅出，更具有针对性、实用性。

其二，本套教材突出学生学习的主体性地位。围绕学生的学习现状、心理特点和专业需求，该套教材突出了设计基础的共性，增加了实验教学、案例教学的比例，强调学生的动手能力和师生的互动教学，特别是将设计应用程序和方法融入教材编写中，以个性化方式引导教学，培养学生对所学专业的感性认识和学习兴趣，有利于提高学生的专业应用技能和职业适应能力，发挥学生的创造潜能，让学生看得懂、学得会、用得上。

其三，总主编邀请国内同行专家，包括全国高等教育艺术设计教学指导委员会的专家组织审稿并提出修改意见，进一步完善了教材体系结构，确保了这套教材的高质量、高水平。

因此，本套教材更有利于院系领导和主讲教师们创造性地组织和管理教学，让创造性的教学带动创造性的学习，培养创造型的人才，为持续高速的经济社会发展和国家自主创新战略的实施作出贡献。

序

  大学阶段的家具设计课一般都没有统一的教材，课堂的面貌具有很大的不确定性，甚至千差万别，究其根本原因，则是由设计本身的性质所决定的。因为设计一直是为了符合人们的审美观而有所作为，这种审美标准是动态的，它随着时间在不断演进，所以家具设计思维教学必然会随之变革。今天，我们无法找到一本能够紧随时代革新的可变教材，但对于基本的教学理论和教学模式来讲，不管观念和审美变化有多快，家具设计教学的主题不会有颠覆性的变化。所以，本书就家具设计课程的基本理论和设计方法做了系统阐述，强调创造型设计人才的培养，注重教学过程。让学生明白家具设计课程培养的不是工匠，重要的是给予他们一种对待事物的设计态度和思考方式，这样才能真正做到创造性思维能力的提高和个人素质的提升，真正达到家具设计教学的目的。

目 录

1／第1章　家具设计概论

2／第一节　现代家具概述

8／第二节　家具设计与空间环境设计

16／第三节　家具的构成要素

19／第四节　家具的分类

21／第2章　中西方家具简史

22／第一节　中国家具简史

33／第二节　西方家具简史

55／第3章　家具设计与人体工程学

56／第一节　家具人体工程学

57／第二节　人体基本数据

60／第三节　人体与家具设计

63／第4章　家具材料与结构设计

64／第一节　实木家具

65／第二节　板式家具

66／第三节　软体家具

67／第四节　藤制家具

69／第五节　金属家具

71／第六节　塑料家具

73／第七节　其他材料

79/第5章 家具制图

80/第一节 家具设计图和装配图

85/第二节 基本制图

89/第6章 家具课堂教学

90/第一节 教学第一阶段——发散性与集中性思维的培养

93/第二节 教学第二阶段——深入扩展能力的培养

94/第三节 教学第三阶段——表达塑造能力的培养

99/第7章　家具新产品设计实践

100/第一节　家具新产品的概念

102/第二节　市场资讯调查与设计策划

103/第三节　设计创意与设计定位

104/第四节　设计表达与设计深化

107/第五节　家具市场营销策划

108/第六节　编制新产品开发设计报告

117/第8章　家具大赛作品欣赏

128/参考文献

第 1

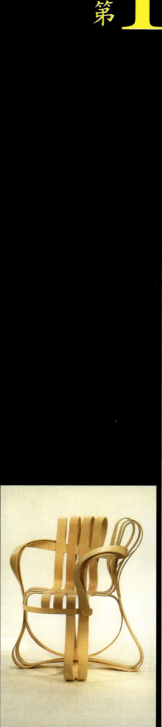

第1章 家具设计概论

第一节 现代家具概述

从人类诞生以来,家具就伴随着人类,并无时无刻、无所不在地影响着人类的生活。从古老的天然实用家具——石头、泥土、木材,到人们为了美观而精雕细琢的装饰家具,一直到现今人们注重实用与美观相结合的家具,这一过程无疑体现出家具是伴随着人类文明与社会文明的发展而发展的。家具的使用离不开人,家具是人类在社会生活中各种行为活动的载体。随着时代的发展,家具已经不仅仅是人们常认为的座椅、沙发、桌子、床、柜子等,家具的范围已经延伸到生活的每一个角落,与人类所接触的建筑、室内、环境均产生着密切联系。由于人类思维的灵活多变,人类甚至可以通过主观意识来界定某物体是不是家具。简言之,不同时代的家具,能体现不同时代的文明程度。

在信息化的今天,计算机辅助设计和制造(CAD/CAM/CNC)、柔性制造系统(FMS)、准时化生产(JIT)等高新技术以及现代材料的应用,使得现代家具打破了传统的结构形式,向着多元化、不规则的结构形式迈进。其设计理念也向着自由、生态、人性化靠拢,以符合多元复杂的使用人群的需求。

图1-1

◎ 一、现代家具的基本定义

家具，英文为furniture，译为家庭器具，指木器，也包括炊事用具等。19世纪欧洲工业革命以前，家具几乎全是木器，随着工业革命的到来，家具设计开始步入正轨，摆脱了单一形式，变得更为丰富与新颖。

从广义上看，家具能够使人们进行正常的生活、生产实践和社会活动。从狭义上看，家具便是人们工作生活中常常用到的坐、卧、储藏等设备。据社会学专家统计，人一生大约有三分之二的时间是与家具进行接触的。家具的形态及功能与人们的物质文明和精神文明是紧密相连的。在强调人性化、以人为本的现代社会中，现代家具自然以满足人的生理需求及精神需求为出发点，可以说现代家具是产品与艺术的结合。

图1-2

图1-3　中央美术学院D9工作室作品

图1-4

◎ 二、家具存在的意义

1. 家具的哲学意义

家具是物质的、现实存在的，其自身与人的存在息息相关。人的活动离不开家具，家具对人的活动可以产生促进或阻碍的作用。人类之所以与动物拉开了距离，是因为人的生存习性和状态有了较大的改变，其中一方面就是人与家具产生了密不可分的联系。首先，人与家具是相互关联的，家具供人使用，人靠家具来满足自己；其次，人与家具是相互促进与发展的，人通过生产新的家具来提高自己的物质精神生活，而新的家具又促进了人们对未来家具观念的提升，二者呈螺旋上升的状态。

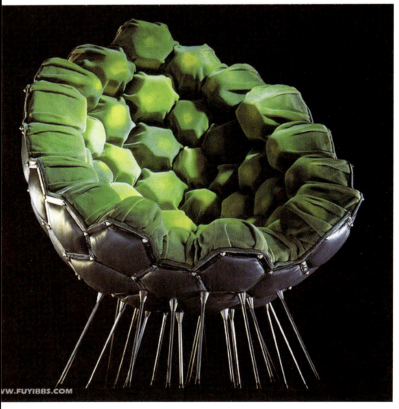

图1-5

图1-6 Ronan兄弟设计

2. 家具的功能意义

家具不仅仅是一种存在状态，它的使用功能使得自身拥有强大的生命力。

家具是人们生存环境的调味品。内部空间中的椅子、桌子、床、柜等及外部空间中的公共椅、候车亭等，都充分体现了家具的使用功能。家具可以给人带来舒适感与安全感，消除人们的疲劳，容纳储备人们日常的生活物品，划分室内及室外空间，营造美好的视觉环境效果等。家具是人们感受与使用空间的基本媒介。

家具是人类社会身份地位的象征。在古老的中国，人们曾经以床来代表自己的身份地位，床越多则表示其身份地位越高，而老百姓没有能力买床，他们只能使用炕。坐具出现以后，便有了代表身份地位的座椅，最显著的例子就是"龙椅"。另外家具的摆放也能体现出尊、卑、长、幼等不同的身份地位。在现代社会，不同的家具划分了不同类的人群，例如使用金属、现代家具的青年人，使用木质、传统家具的老年人，使用天然、趣味家具的儿童等。

图1-7 外国设计师作品

图1-8 Her与Him椅子
设计：Fabio Novembre
时间：2008年

3. 家具的文化意义

家具在不同的时期有不同的形式与功能，例如汉朝家具的粗犷与单纯，明朝家具的自然与典雅，清朝家具的细腻与奢华。这与当时人们的物质文明和精神文明水平密切相关，因此，家具可以代表不同时期的文化水平。现代家具所应用的新材料、新工艺、新思想体现着当今人类的文化内涵。实木弯曲技术、多层单板胶和技术、钢管弯管技术等都代表着生产力的提高、科技的进步与思想的升华。

家具在不同的地域民族中代表不同的生活习俗与信仰。例如中国典型的东北"炕"文化及西藏具有宗教性的家具；非洲土著人部落使用的原始家具；意大利自古以来充满浪漫色彩的家具；北欧天然生态的家具等。

4. 家具的美学意义

家具的审美性不仅包括外形的美观，还包括材质的新颖、技艺的精湛以及传统与时尚结合的巧妙。在诸多因素的协调下，家具才能够具有真正的审美性。

在提倡实用性与审美性相结合的今天，家具也不例外地遵循了这一原理。家具的审美性是建立在实用性的基础上的，没有实用性，那么家具本身也没有存在的意义，更不用说美不美。在实用性满足的基础上增强审美性，才能够真正提高人们的生活品位。

5．家具的社会意义

人的生活、工作等重要社会活动离不开家具。家具可以给人舒适、安全、稳定、促进与阻碍等不同的感觉效应，它能够影响人的情绪与思考，改善人的工作效率，提高人的生活质量。

家具既然能够代表一个时代的文明，那么家具(指家具的风格与家具的布局)也无不体现着社会存在与社会价值。在封建统治下的社会与强调民主化的社会中，家具存在的意义有着本质的区别，家具的社会意义不可忽视。

图1-9

6．家具的经济意义

家具作为一项产业，它的发展空间是广阔的。从古至今，人类对家具的需求是永不停止的，同样人类对家具的要求也是永不停止的。家具产业就是在这种无限上升的供求关系中发展至今。

当今，人们非常重视家具市场的经济效益。我国人口众多，土地人力资源丰富，人们对家具的需求源源不断，生产家具的力量也丰富强大。大力发展家具产业能够很好地促进国民经济的发展。我国在沿海区域先后建立了大型的家具集散基地，以促进国内外家具的交流与发展，促进我国经济水平的提升。

图1-10

综上所述，家具是人类生活中必不可少的器具，人类使用它以区别于一般性动物，人类使用它来改善自己的生活质量。从古至今，家具之所以有如此强大的生命力，因为它不仅有合理的功能，还有文化、美学、社会、经济等重要的意义。家具的进步也代表了人类的进步，人类的进步会促进家具的进步。做好家具设计的前提就是掌握家具的基本常识，在掌握了这些常识的基础上才能够深层次地认识家具、理解家具、创造家具。

图1-11

第二节　家具设计与空间环境设计

家具处在空间环境中,无不与其周围产生关系。空间环境是家具存在的载体,它通过家具将其特色加以发挥。下面我们将空间环境设计划分为几类,分别探讨一下家具设计与不同空间环境设计的关系。

◎ 一、家具设计与建筑设计

家具设计与建筑设计的发展是同步进行的。在漫长的历史进程中,东西方建筑的样式与风格的演变一直影响着家具的样式与风格。欧洲歌特式建筑时期产生了歌特式家具,中国明代园林时期产生了明式家具,家具与建筑是在相互影响下发展的。尤其在西方现代时期,产生了许多建筑设计师兼家具设计师,他们的家具设计既适合于整体建筑风格,又能单独作为艺术品供人欣赏。

下面我们用一些图片来展示家具与建筑的关系:

图1-12　19世纪末20世纪初法国新艺术运动作品
设计:尤根·盖拉尔德(Eugéne Gaillard,1862-1933年)

槐木与鸟眼枫木餐柜流畅的曲线条,与新艺术运动的建筑风格是高度统一的

ART DESIGN

第1章 家具设计概论

图1-13 1917年荷兰风格派作品
设计：里特·维尔德
(Gerrit Thomas Rietveld, 1888—1964)

"红蓝椅"与立体空间建筑"什罗德住宅"，都是以立体派的视觉语言和风格派的表现手法将风格派绘画平面艺术转向三维空间

图1-14 巴塞罗那椅，20世纪初至30年代国际主义风格
设计：密斯·凡·德·罗

巴塞罗那椅与巴塞罗那世界博览会的德国馆的三维空间设计，椅子与建筑一样是代表作者"少就是多"的设计思想的杰作

图1-15 交叉格扶手椅
设计：弗兰克·O盖里(Frank O·Gehry)
时间：1989—1991

现代建筑大师盖里设计的曲木家具，和盖里的建筑作品一样富于高度的艺术性、统一性和时代特色

图1-16

◎ 二、家具设计与室内设计

家具是其所存在的微观空间——室内空间中的主体要素，它的发展和人们起居生活的方式是分不开的。例如，中国古代的人们在室内多席地而坐，因此，当时的家具普遍比较低矮，家具中的细节也多在人坐时视线的焦点处。当人们有了垂足而坐的行为时，室内的家具向高处变化，视觉细节位置也有了相应的提高。人的生活起居行为发生变化影响着室内空间的变化，而家具的风格与布局也相应发生了变化。在《中国古代建筑史》中有这样一句话："……往往把家具作为室内设计的重要组成部分，常常在建造房屋时，就根据建筑物的进深、开间和使用要求，考虑家具的种类、式样、尺度等进行成套的配制。"[①]

在现代社会，家具产业蓬勃发展，家具设计已不是单一独立的设计，而要结合其所处的室内空间环境以及大众普遍心理需求等来适应当前多元化的社会。为满足人们生活的需求，家具在室内设计中的作用不可忽视。

---

① 刘敦桢主编：《中国古代建筑史》，中国建筑工业出版社1998年版，第347页。

图1-17

图1-18 水立方接待台

图1-19

◎ 三、家具设计与景观设计

这里我们所谈到的与景观设计产生关系的家具多指在城市空间里应用的户外家具，也叫做"城市家具"。

城市家具一词源于欧美等经济发达国家，它是英文"Street Furniture"的中文解释，泛指遍布城市街道中的诸如公交候车亭、报刊亭、公用电话亭、垃圾容器、公共厕所、休闲座椅、路灯、道路护栏、交通标志牌、指路标牌、广告牌、花钵、城市雕塑、健身器材及儿童游乐设施等城市公共环境设施。[1]

城市家具是家具中的一个类别。它是为公众所使用的公共家具，具有公共性和交流性。它符合家具的实用性与审美性。如果把景观环境当做一个无限大的室内空间，那么城市家具同样也起着组合与分隔空间的作用，它组织人群，为人群服务并提供交流互动的平台。

---

[1] 摘自中国城市家具网。

图1-20

图1-21

第1章 家具设计概论

随着时代的发展，城市家具已经成为城市形象的主要代表之一。城市家具的设计应当在城市景观环境的整体结构下，结合环境氛围的不同要求，根据其形式、色彩、质地等设计要素进行特别的处理和安排，使局部的景观环境具有明显的可识别性，成为定向参照物——城市景观环境的"记忆"，为城市景观注入新的生机。

我国现有城市家具的设计存在着较为普遍的问题，即人性化设计比较缺乏，并且多为固定单一的模式，没能体现出城市的特色，没能为人提供多功能的合理服务，甚至有的设计给城市带来了错误的导向等，严重影响了人们的整体形象。

因此，城市家具要根据城市景观环境的合理性而设计，要根据景观环境的状况和人们的需求而设计，由此促成城市形象整体水平的提高。

图1-23 国外景观庭园中的坐具

图1-22

图1-24

15

图1-25 中央美院学生作品

第三节 家具的构成要素

家具的构成要素大致可分为四种：材料、结构、造型及功能。家具的功能是基础，是使家具得以发展至今的动力，并且促使另三种要素的完善与创新；同样，材料、结构、造型也能促使功能更加合理。这几种要素相互制约，不可分离。

1. 材料

材料可以决定家具的功能性质，是家具的表象基础，也是家具的物质基础。我国早期家具大部分为木材或石材。随着时代的发展与生产力水平的提高，家具的材料已经衍生出很多种，例如我们现在常见的金属、塑料、竹、藤、玻璃、橡胶、皮革及织物等。家具材料之多反映了现今社会人们需求的广泛。家具的材料并不是任意一种材料都能担当的，它需要一些基本的性能要求：

(1)材料的可加工性；

(2)好的质地与外观；

(3)材料的经济效益；

(4)地域性；

(5)健康环保，丰富易得。

2. 结构

结构是指家具部件之间的一种组合方式以及家具本身所呈现的外在空间功能，即加工结构与空间结构。

加工结构。不同的家具材料以及不同的家具形式，例如木家具、金属家具、塑料家具等不同材质的家具，弯曲木材及弯曲金属等不同形式的家具，都有着不同的加工结构。

空间结构。空间结构直接由家具的造型所反映。由于家具直接与人接触，因此其造型的比例尺度都有严格的要求。无论是座椅还是书桌、储藏柜等，都要按照人们所需要的比例尺度进行设计，以满足家具的使用者——人的生理需求及心理需求。

图1-26

图1-27

图1-28 意大利家具

3．造型

家具的造型是指家具的外在表现形式，不仅反映家具的表象，还反映家具的结构(加工结构、空间结构)。家具的造型在满足人们基本需求的基础上要满足人们的心理需求，即应更趋于美观。如密斯·凡·德·罗的巴塞罗那椅、麦金·托什的高背椅、达利的唇形沙发、里特·维尔德的红蓝椅等，同是"座"，造型却千姿百态，目的是满足人们不同的审美标准。

4．功能

功能是家具最核心的部分，例如座椅供人坐、床供人卧、柜供人储藏、桌供人办公或就餐等，每一种家具都有其特定的功能。在社会发展多元化的今天，家具的功能也趋于多元化，例如座椅可以储物、沙发与床可以相互转化、柜可以多种储物方式相结合等。

综上所述，家具的四种要素即材料、结构、造型及功能是密不可分的，它们之间相互促进、相互影响，推动着家具在社会中的发展。

第四节　家具的分类

从不同的角度，可以对家具进行不同的分类：

(1)从风格角度可以分为：古典家具、现代家具。

(2)从地域角度可以分为：东亚家具、东南亚家具、地中海家具、北欧家具、西欧家具、北美家具、拉丁美洲家具、非洲家具等。

(3)从材质角度可以分为：木材家具、金属家具、玻璃家具、塑料家具、石材家具、藤制家具、布艺家具、皮革家具以及新材料家具。

(4)从应用角度可以分为：室内家具、室外家具(城市家具)。

(5)从功能角度可以分为：坐具、床、柜、桌、隔断以及其他综合性家具。

(6)从档次角度可以分为：高档家具、中高档家具、中档家具、中低档家具、低档家具。

图1-29

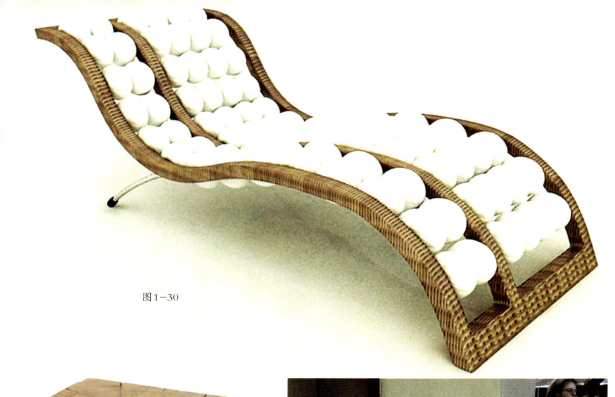

图1-30

图1-31

图1-32

第2

第2章 中西方家具简史

第一节 中国家具简史

◎ 一、中国家具的产生及流变

中国家具的产生可追溯到新石器时代。从新石器时代到秦汉时期，受文化和生产力的限制，家具都很简陋。人们习惯于席地而坐，室内以床为主，地面铺席，床既是卧具也是坐具。在此基础上又衍生出榻、屏风、几案等家具，一直到商、周、秦、汉、魏晋南北朝时期，都没有太多变化，其间有桌、凳出现，但不属于主流。

战国时，漆木家具处于发展时期，青铜家具也有很大的进步。青铜家具在商代为整体浑铸，至春秋时期已发展为多种铸造工艺，造型已经非常精美，并且富有装饰性。

汉代室内仍然席地而坐，大部分起居活动都以床、榻为中心，床的功能不只局限于睡觉，用餐、待客等都在床上进行。现在保存下来的大量汉代画像砖、画像石都体现了这样的场景。床与榻所不同的是床高于榻、宽于榻。设置于床上的帐幔，夏季可以避蚊虫，冬季可以御风寒，同时也起到美化的作用，或成为彰显身份地位的标志。

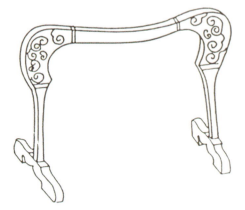

图2-1 战国·凭几
湖南长沙楚墓出土。此几的造型沿用至魏晋时期，是最典型的凭几。几面以黑漆为底，略绘彩色花纹

图2-2 战国·彩绘虎座鸟架鼓

图2-3 汉·讲学石刻(拓片)[①]

---

① 图片来自田自秉、吴淑生、田青著《中国纹样史》，高等教育出版社2003年版。

几通常置于床前,在汉代使用比较普遍,并且成为等级制度的象征。皇帝用玉几,公侯用木几、竹几等。汉代人们基本上都用案作为饮食用桌,也用来放置物件或伏案写作。

随着东西各民族的交流,各国之间相对隔绝的状态被打破了,新的生活方式传入中国,一种形如马扎的坐具——胡床,就在此时传入我国,以后被发展成可折叠马扎、交椅等。这种新的习坐方式逐渐被大家接受,为后来座椅的产生、发展奠定了基础。尤其到魏晋南北朝以后,随着更加丰富多彩的世俗生活形态,高型坐具陆续出现,垂足而坐开始流行。

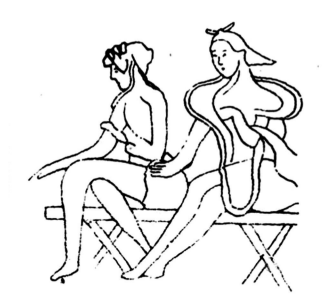

图2-4 晋·胡床①

图2-5 西魏·带脚踏的扶手椅②
据目前所有的形象资料来看,这是中国家具史上的第一把扶手椅。菩萨呈垂足而坐状,从此时起,垂足坐姿产生

---

①图片来自中国明清家具网
②图片来自敦煌285窟西魏壁画

图2-6 南北朝日床榻(龙门石窟宾阳中洞维摩变)①

图2-7 西汉中晚期·"贼曹"铭素面漆俎
通高7.5厘米，长40.7厘米，宽23.1厘米。1997年扬州市邗江西湖胡场22号西汉墓出土，扬州博物馆藏②

---

① 图片来自萧默主编《中国建筑艺术史》上，文物出版社1999年版。
② 图片来自扬州博物馆编《汉广陵国漆器》，文物出版社2004年版。

唐代人们居住有两种形式，高的桌、椅、凳等已在贵族中流行，但很多人还是习惯席地而坐。唐代家具的工艺制作在继承和传扬传统风格的同时受到外来文化艺术的影响，装饰意匠开始追求清新自由的格调，摆脱了过去的古拙特色，形成华丽润妍的渐高型家具，形态丰满端庄、流畅柔美、雍容华贵，有很多装饰性的造法和雕饰，体现了浑厚、丰满、宽大、稳重等特点。唐代是家具的转型时期，家具的发展由此进入到一个新的历史阶段。虽然家具体量和气势比较庞大，但在工艺技术上还不够精细，品种上也缺乏变化，有刻意追求繁缛修饰的倾向。

五代时期家具工艺风格在继承唐代家具风格的基础上，向高型家具普及，也是一个特定转型时期。这一时期的家具虽然是高低家具共存，但家具功能区别日趋明显，并逐渐取代了唐式家具圆润富丽的风格，而趋于简朴、自然，追求内在美。家具大多还显得美中不足，有些生涩，但家具造型崇尚淳朴简练、朴实大方，线条流畅明快，在结构上吸取中国建筑木构造的做法，形成框架式结构，并逐渐发展成熟，成为中国家具的传统结构形式，为宋代家具的风格形成打下了良好的基础。

图2-8 唐·宫凳
这种出现在唐画《挥扇仕女图》中的宫凳在其他绘画作品中也经常出现，说明其在上层社会中比较流行。这种凳也被称为"腰圆凳"、"月牙凳"

图2-10《韩熙载夜宴图》家具

图2-9 唐·圈椅
这种圈椅也是唐代的新兴家具，极其罕见。见于唐画《挥扇仕女图》，椅腿雕花与身着华贵服装的贵族妇女协调一致

图2-11 唐·壸门案、腰圆凳
唐代大画家周昉的《宫乐图》，图中表现盛唐贵族妇女宴乐景象。食案体大浑厚，装饰华丽

宋代是中国家具承前启后的重要发展时期。高型家具得到了极大发展，垂足而坐的新习俗与高型家具已进入了平民百姓人家，垂足而坐真正开始流行。中国历史上起居方式的大变革，至此已经彻底完成。不仅仅有大量椅、凳等高型坐具，各种配合高坐的家具品种也不断丰富。家具确立了框架结构基本形式，与日常起居相适应，室内家具布置也有了一定的格局。宋代家具装饰工整、隽秀、文雅，不论各种家具都简洁、朴素，不作大面积的繁缛装饰，只取局部装点，以求画龙点睛的效果，但也缺乏雄伟的气概。宋代家具在形式上基本具备了明代家具的各种类型，为中国古典家具在明清达到鼎盛拉开序幕。

图2-12 宋·洗鱼、烹饪仕女砖刻(拓片)，河南偃师出土[①]

图2-13 宋·槐荫消夏图

[①]图片来自田自秉、吴淑生、田青著《中国纹样史》，高等教育出版社2003年版。

◎ 二、中国古典家具的黄金时期

1.明代家具

在继承宋元家具传统样式的基础上，经过不断的变化、演进和发展，到了明代，家具发展进入了完备、成熟期，在明代中期至清代前期发展到顶峰，形成了独特的风格。这一时期是中国古典家具的黄金时期，被世人誉为"明式家具"。明式家具材美工精、典雅简朴，整体结构以框架式样为主要形式，呈现出束腰和无束腰两大结构特征。主要特点有：

(1)造型呈挺拔秀丽之势，比例极为匀称而协调，线条挺而不僵、柔而不弱，质朴简练，典雅大方。

(2)结构严谨、做工考究。结构设计是科学和艺术的极好结合，既美观又牢固。

(3)装饰适度、繁简相宜。不曲意雕琢，恰到好处的局部装饰适宜得体，使整体上保持朴素与清秀的本色。

(4)木材坚硬、纹理优美。发挥硬木材料本身的自然美，充分利用木材的天然纹理，形成自身独特的审美趣味。

图2-14 明·黄花梨透空后背架格、角柜，陈梦家夫人藏

ART DESIGN
家具设计基础

图2-15 明·黄花梨雕花靠背椅
座面62.5厘米×42厘米,通高99.5厘米,陈梦家夫人藏

图2-16　　　　　　　　　　　　　图2-17　　　　　　　　　　　图2-18

2. 清代家具

清代家具的发展大致可分为三个阶段：

第一阶段是清初至康熙初，家具造型结构变化不大，基本上还是明式家具的延续。

第二阶段是康熙末经雍正、乾隆至嘉庆，这段时间社会政治稳定，经济发达，是历史上的"清朝盛世"。此时西欧正值古典艺术的巴洛克风格盛行，国外的传教士进入中国，也将巴洛克的艺术风格带入了中国。这时期的家具一改前代的挺秀而为浑厚和庄重，体量宽大，气度宏伟，雕饰繁重，求多、求满，往往令人透不过气，使用功能不再得到足够重视，脱离了宋、明

图2-19　　　　　　　　　　　　图2-20

图2-21 清·红木狮纹半圆桌、圆凳

以来家具秀丽实用的淳朴气质,形成了稳重、华丽的风格。

  第三阶段是道光以后至清末,清晚期社会动乱,经济衰微,外来文化渗入中国领土。家具受西方影响明显,尤其是洛可可风格造成装饰繁复甚至堆砌,出现了不少格调低俗的拙劣家具。

第二节　西方家具简史

◎ 一、古代家具

1. 古埃及（公元前3100—前311年）

家具制造首次记载于古埃及。因为古埃及人较矮，有蹲坐习惯，所以座椅较低。家具的主要特征是：由直线构成，矮的方形或长方形靠背和座面，侧面成内凹或曲线形；采用几何或螺旋植物图案加以修饰，附贵重的涂层和各种材料镶嵌；用色较鲜明并富有象征性。家具的主要组成部分是凳子和椅子，也有批量较多的柜子用于储藏衣物或纺织物。

2. 古希腊（公元前650—前30年）

当时人们生活比较节俭，家具装饰简单朴素，比例优美。其中最早以织物形式出现的Klismos(克利奈)椅，有曲面靠背，前后腿呈"八"字形弯曲；凳子较为普通；长方形三腿桌非常典型；床长，通常比较直。

古希腊的其他书中也有木材打蜡、木材干燥和表面装饰等制作工艺记载，与埃及的制作水平相当。

19世纪末，希腊文艺复兴运动十分活跃，在英国的维多利亚时代的例子中可以看到一些古典的装饰图案。

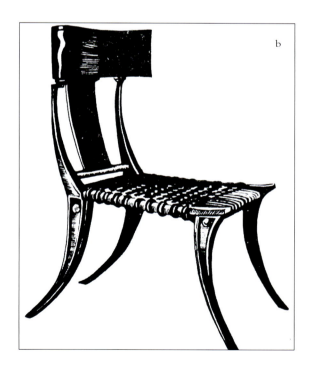

图2-22　古希腊著名的Klismos椅(公元前5世纪)

图2-23

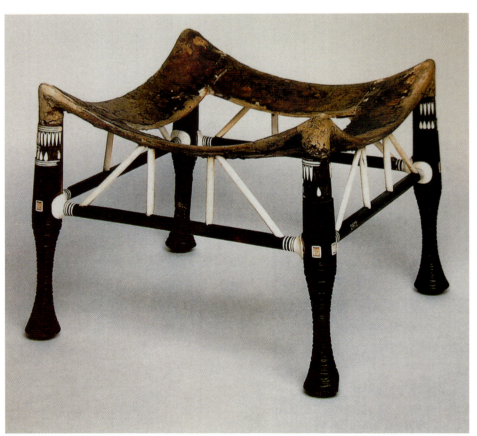

图2-24

图2-25 古希腊凳(公元前500年)

3. 古罗马（公元前753—前365年）

古罗马家具知识多来自壁画、雕刻和拉丁文中有关家具的记载,而少量罗马家庭的家具片段,保存在庞贝城和赫库兰尼姆的遗址中。

古罗马家具设计是希腊式样的变体,家具厚重,装饰复杂、精细,采用镶嵌与雕刻,图案有动物足、狮身人面及带有翅膀的鹰头狮身的怪兽。桌子用途主要为陈列或用餐,腿脚有小的支撑,椅背为凹面板。在家具中结合了建筑特征,采用了建筑处理手法。三腿桌和基座很普遍,使用珍贵的织物和垫层。

图2-26 古希腊躺床和小桌(公元前500年)

图2-27

图2-28

◎ 二、中世纪家具

中世纪，罗马帝国崩溃后，西欧处于动乱时期，古代家具遭到破坏，家具设计制作走向衰落。中世纪整个社会物质贫乏，家具不足，有价值的幸存者很少。

1. 拜占庭时期（323—1453年）

是一种由罗马和东方艺术融合而成的家具。追求豪华，其设计已脱离了写实主义，采用抽象的象征性图案。在装饰上常用象征基督教的十字架符号，或在花冠藤蔓之间夹杂着天使、圣徒以及动物、果实和叶子等图案。在形式上精心制作，雕刻和镶嵌装饰十分精细。拜占庭时期的家具与建筑、绘画一样，具有丰富的内涵。

图2-29 拜占庭时期家具[①]

2. 高直时期（1150—1500年）

家具与建筑一脉相承，以尖拱取代了罗马式圆拱，不仅采用哥特式教堂建筑形式，而且也采用建筑符号进行装饰，如拱、花窗格等。椅子后背高耸，垂直向上，尖顶，座位还用来做储藏的柜子，是功能上的进步。但这一时期的家具，总体上还是刻板的，缺乏曲线和优美的层次。

图2-30 哥特式家具，著名的马丁王银座，制作于1410年

[①]图片来自焦点家居网

图2-31

图2-32 马克希曼王的宝座
公元6世纪留存下来的极少数拜占庭家具遗物。家具呈直线构成,仅靠背是半圆形,横档和竖框上雕满花鸟、植物和动物等装饰纹样,座面下的嵌板上则是圣徒们的浮雕立像,雕饰的部件都采用象牙,非常精致华丽,整件家具庄重华美,表现了王的权威性

◎ 三、近世纪家具

1. 文艺复兴时期的家具（1140—1650年）

文艺复兴起源于14世纪的意大利，是繁盛一时的文化运动。文艺复兴不仅建立了人文主义，也掀起了学习古典文化的热潮。

（1）早期文艺复兴

文艺复兴时期意大利最早使用古典装饰品。家具的特征是：普遍采用直线式；以古典浮雕图案为装饰；许多家具放在矮台座上；椅子上加装垫子；家具部件多样化；除少量使用橡木、杉木、丝柏木外，核桃木是唯一大量使用的。

图2-33 文艺复兴时期罗马家具，反映出镟木技术在家具上的应用

（2）文艺复兴的高潮时期

家具设计的风格与当时华丽的室内设计风格有着很多的相似性，它以其均匀的尺寸、装饰、造型以及设计的一些细节将古典艺术的风格表现得淋漓尽致。雕刻技术尤为突出，其中的木板拼花及绘画将整个工艺点缀得精致完美。这种以生动的图饰和怪异的图案来体现主题的手法确实能给人带来耳目一新的感觉。

（3）文艺复兴晚期

文艺复兴晚期，家具设计的风格极大地受到建筑风格的影响。其中米开朗琪罗是主要的代表人物之一。他选择一些惟妙惟肖的人体造型，将雕刻艺术运用于家具表面的装饰。文艺复兴晚期的意大利家具，造型规范，比例匀称，注重实用性，体现传统的设计风格。虽然文艺复兴晚期家具设计繁荣，传统的形式却常常被忽视。家具装饰喜欢大量使用雕刻，璀璨缤纷，富丽堂皇。

我们不得不承认文艺复兴晚期艺术的表现形式是丰富多彩的，但手法却过于华丽。

图2-34 典型的文艺复兴时期家具，主体雕刻采用模塑技术，使其更加华丽而简便可行

2. 巴洛克时期的家具（1643—1700年）

法国巴洛克风格也被称为法国路易十四风格，其家具的特点是：外形自由，追求动态，雄伟，带有夸张的、厚重的古典形式；喜好富丽的装饰和雕刻，强烈的色彩，雅致优美重于舒适；使用垫子，且常用穿插的曲面和椭圆形的空间；结构上使用直线和一些圆弧形曲线相结合，或矩形、对称结构。其最大特色是将富于表现力的装饰细部相对集中，简化不必要的部分而强调整体结构，在家具的总体造型与装饰风格上与巴洛克建筑、室内的陈设、墙壁、门窗严格统一，创造了一种建筑与家具和谐一致的总体效果。

材料多采用核桃木、橡木及某些欧锻和梨木，并嵌用斑木、鹅掌楸木等。家具前期下部有斜撑，结构牢固，后期取消横档，并由直腿变为曲线腿。桌面由大理石和嵌石细工，既有全镀金或部分镀金或镀银、镶嵌、涂漆、绘画，又有雕刻和镶嵌细工。装饰图案包括嵌有宝石的旭日形饰针、森林之神的假面、"C"铲形曲线、海豚、人面狮身、狮头和爪、橄榄叶、菱形花、公羊头或角、水果、蝴蝶、矮棕榈、睡莲叶等，还有关于人类寓言和古代武器的装饰。

图2-35 巴洛克时期典型座椅，以整体曲线造型和卷草纹样重点装饰，显示其高贵舒适的秀丽特征

图2-36 1680年巴洛克式镀金雕刻桌，制于法国路易十六时期

图2-37 方桌
早期巴洛克风格，17世纪法兰德斯家具

图2-38 凳，意大利巴洛克时期家具，1720年制作

3.洛可可时期的家具(1730—1760年)

洛可可时期的家具即法国路易十五时期的家具,是18世纪初期在法国宫廷中形成的一种文化艺术形式,随后流行到欧洲其他国家。其特点是:家具是娇柔和雅致的,以其不对称的华丽轻快、精美纤细的自由曲线著称;不仅在实用和装饰效果的配合上达到了空前完美的程度,而且在视觉上形成极端华贵的整体感觉;既表现出浪漫主义精神,也表现出秀丽、柔婉和活泼的女人气质,从某种意义上也充分反映了法国统治阶级空虚与腐朽的宫廷享乐生活。

图2-39 靠椅和三联背长椅,洛可可时期家具,产生于18世纪中期德国

图2-40 洛可可时期典型家具,娇柔雅致,体现曲线美

图2-41 洛可可后期风格的座椅,夸大曲线的作用,装饰掩盖了合理传力的特征

4. 新古典主义时期的家具(1760—1789年)

新古典主义最早出现于18世纪中叶的欧洲，大致有两个发展阶段。一是18世纪后半期的法国路易十六式等；一是流行于19世纪前期的法国帝政时期的帝政式、英国的摄政式等。前期新古典主义家具以法国的路易十六式为代表，后期则以帝政式为典范。新古典主义家具不但拥有典雅、端庄的气质，而且有明显使用时代特征的设计方法。它的精华来自古典主义，但不是仿古与复古，而是追求神似。新古典主义家具将古典的复杂雕饰加以简化，并与现代的材质相结合，呈现出古典而简约的新风貌。色彩上或是富丽堂皇，或是清新明快，或是古色古香，以金色、黄色和褐色为主色调，精雕细琢。铸铁栏杆、木刻花纹、绒布靠垫，让人们体会到古典的优雅与雍容。

(1) 路易十六时期(1774—1792年)

这个时期人们开始厌烦流行了近半个世纪的东方情调和浪漫主义的洛可可家具风格。人们更喜欢从古希腊建筑艺术中吸收文化素养，进行创新突破。家具的外形发生了重大变化，按照建筑的支撑结构形式，使直线成为时尚，代替了过去的曲线；腿部多采用由上而下逐渐收缩的圆腿或方腿，如同建筑的柱式；表面平直或刻有凹槽，形成高雅挺秀、严谨简朴的艺术格调。

(2) 法国帝政时期(1804—1815年)

这个时期的家具是一种对浪漫主义的反叛，它对古罗马家具风格进行复古和追忆，一味盲目仿效，不考虑功能与结构之间的关系，强硬地将古建筑细部加于家具之上。家具体量厚重，比例雄伟，少雕饰，线条刚健，且以直线条为主，造型粗、简，充满傲气与霸气。

(3) 英国摄政时期(1811—1830年)

罗马、希腊、埃及、中国以及哥特式建筑符号被按比例缩小，并相互糅合，各种不一致的风格被结合在一起。座上很少装饰，舒适为设计的主要标准，形式、线条、结构、表面装饰都很简单。

图2-42 新古典主义家具

图2-43 两件座椅看似类同，但完全属于不同风格时期的作品。左上为巴洛克风格的典型作品，右下为新古典时期典型作品

5．维多利亚时期的家具
（1830—1901年）

维多利亚时期是19世纪混乱风格的代表时期，综合了历史上各方面的家具形式。19世纪初期，欧洲各国先后完成了工业革命，工业体系对生活性质和环境的改变影响到了家具领域，维多利亚时代的倾向性也随之分成了两方面：一方面是向往工业技术而努力摆脱自然的随意性，其设计风格依凭机械定型的方式；另一方面崇尚自然而反对工业技术，设计风格依然保留着根据自然定型的形式。其时家具设计中采用的图案花纹非常复杂，包括古典、洛可可、哥特式、文艺复兴、东方的土耳其等各种风格，设计趋于退化。

1880年后，家具通过机器制作，运用了大量新材料和新技术，如金属管材、铸铁、弯曲木、层压木板；椅子装有螺旋弹簧；装饰包括镶嵌、油漆、镀金、雕刻等；材质采用红木、橡木、青龙木、乌木等；构件厚重，有了舒适的曲线和圆角。

图2-44 维多利亚时期靠椅，19世纪中期作品

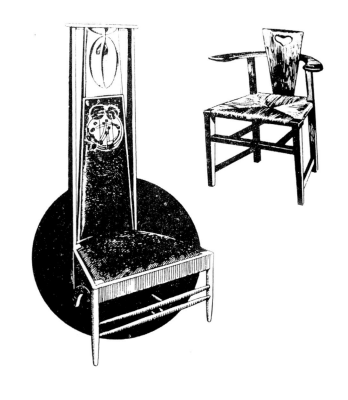

图2-45 工艺美术运动时期家具，1896年制作

◎ 四、现代家具

1. 新艺术运动风格（19世纪末—20世纪初）

"新艺术运动"指19世纪末至20世纪初在欧洲及美国流行的关于建筑、美术及实用艺术的运动，家具设计自然也被包括在内。新艺术运动反对矫揉造作的装饰风格；反对工业化风格，摒弃了所有的传统装饰风格，而在拉斯金、莫里斯的理论指导和实践倡导下，提出美术与技术相结合的原则，追求自然纹样的装饰动机。

这一时期家具的设计在追求自然的基础上，进一步强调了功能性和人情味，人性化设计也因此得到设计师的重视。家具设计试图在艺术与工业之间找到一种平衡，设计中不仅包含严谨、精细的手工艺传统精神，同时还体现了大工业功能主义和理性主义，既有时代特征，又极富人情味。

"新艺术"在本质上是一场运动，而非某种界定的风格。欧洲各国产生的背景大致相似，然而在形式上却有着截然不同的取向。以苏格兰设计师查尔斯·马金托什的家具与西班牙建筑师安东尼·高蒂的建筑为例，我们看到了完全不同的风格，前者为直线几何形式而后者则是自然中的各种有机形态。但他们都甩掉了守旧与折中，简化并净化了现代设计。新艺术运动的后期，德国等地的设计师逐渐摆脱了以曲线为中心的设计形式，朝着几何、直线方向寻求新的发展，这为设计走向现代主义创造了十分重要的条件。

图2-46 由Guimard于1900年设计的椅子，尽管作了极大的简化，但仍带有一定的装饰和雕塑工艺

2. 现代主义设计（20世纪20—50年代）

现代主义设计是从建筑设计发展起来的，打破了以往的为权贵服务的立场，改革了思想，推进了技术，继而影响到环境设计、家具设计等。

1919年包豪斯的成立，奠定了现代主义的基础。它主张设计为广大人民而非为少数权贵服务，具有高度的理性主义，强调为大工业生产的设计，同时也奠定了现代设计教育的基础。

这个时期的家具设计，有以下几种特征：

(1)功能主义

家具设计以满足人们的使用功能为出发点，降低了形式在家具设计中的作用。

(2)"少就是多"

由著名建筑大师密斯·凡·德·罗提出，他认为装饰就是没有必要的浪费，无端的装饰只会增加设计的成本，从而影响到为大众服务的宗旨。

(3)标准化原则

家具只有标准化才能批量生产，降低成本，并且可以采取组装的方式，方便大众购买。

(4)新材料的应用

现代主义设计产生了由马歇·布鲁尔设计的著名钢管椅。新材料的应用使得家具设计的形式更加多样化、简洁化。

由于社会的原因，现代主义设计在20世纪30年代转移至美国，结合美国的商业竞争环境，逐渐演化成为国际主义风格，并且影响到了整个世界。人们开始盲目地追崇这种风格，使得它仅成为了一种形式，而失去了最初所追求的动机。

图2-47 由著名家具设计师马歇·布鲁尔于1927年设计的瓦西里椅，由不锈钢管和绷紧的皮革组成，充分体现了"透明"的特性

图2-48 锥形椅,20世纪中期的现代风格
设计:维尔纳·潘顿(Verner Panton)
时间:1958年

3. 高技术风格（20世纪20—80年代初）

  高技术风格是与现代主义风格并行的一种风格，源于20世纪20—30年代的机器美学，这种美学直接反映了当时以机械为代表的技术特征。在20世纪60—70年代风行一时，并一直波及80年代初。高技术风格在设计上采用高新技术，同时审美上也注重新技术的表现。高技术风格在家具设计上的主要特征是直接利用那些为工厂、实验室生产的产品或材料来进行家具设计，以此象征高度发达的工业技术。仓库的金属架、矿井的安全灯等都纷纷进入人们的生活空间，并成为可应用的家具。

  但是，高技术风格由于过度重视技术体现，把装饰压到了最低限度，因而显得冷漠而缺乏人情味。人们长时间在这种环境中生活，便越发觉得枯燥与乏味。随着时间的改变，人们更需要新鲜与情趣对生活加以调味，于是家具设计走向了"波普艺术"时期。

图2-49 神怪椅与凳
设　计：奥里维·莫尔格(Olivier Mourgue)
时　间：1965年

4. 波普艺术风格（20世纪50年代初—70年代）

波普艺术(POP Art)又称普普艺术、流行艺术，是一个探讨通俗文化与艺术之间关联的艺术运动。20世纪50年代，人们对于现代主义及国际化的设计十分反感——单调、陈旧、没有生气，因而产生了对新的文化观念与自我表现的追求。波普艺术就从这个时候开始在英国萌芽，并很快盛行于美国。

家具设计中的波普艺术则在20世纪60年代中期开始出现。这个时期的家具形式变化无常，没有固定风格，夸张古怪的造型、鲜艳世俗的色彩，无不展现出战后新一代青年的文化价值观。这些家具表现了在大众文化的物质文明中，功能主义不再是设计应该首先考虑的问题了，持久耐用、功能良好的家具已不能满足时代需求，而市场的分析及消费者的心理需求才是家具设计的主导因素。

波普设计运动是一个形式主义的设计风潮，它与"反叛"二字有着密切的关系，永远在形式主义中探索，缺少深层的意识形态依据，加上与工业生产中的经济利益相违背等因素，使得它的生命极为短暂。但是波普艺术在形式上的探索对设计界仍有积极影响。

图2-50 波普艺术流派，利用大众熟悉的材料或废弃材料改制成家具

图2-51 带形椅
设　计：皮埃尔·保林
(Pierre Paulin，1927-)
制作：艺术古堡，荷兰
时间：1965年

5.后现代主义风格（20世纪60—80年代）

现代主义对设计界的风格垄断了将近40年，并使设计界长期处于停滞状态，没有新的突破。它单调并且没有人情味，终于招致了人们的厌倦。在20世纪60年代，后现代主义的文化思潮开始逐渐流行，并在80年代达到鼎盛。

图2-52 后现代风格的椅子

后现代主义主要是对现代主义形式的修正。它大胆应用装饰,装饰效果则采用了各式各样的历史风格,但是他们采用的方式却不是简单的复古,而是对历史元素戏谑般的夸张与象征般的描述,装饰细节比较含糊,使设计具有强烈的娱乐性。

这一时期的家具不仅在装饰上有了重大的突破,在布局与结构造型上也是如此。例如改变了以桌子为中心的布局,出现了不规则的三条腿椅子、扭曲的不锈钢吧凳等。家具以轻松随意的形态展现在人们面前。

图2-53 高悬月亮扶手椅
设计:希诺·库拉马塔(Shiro Kuramata)

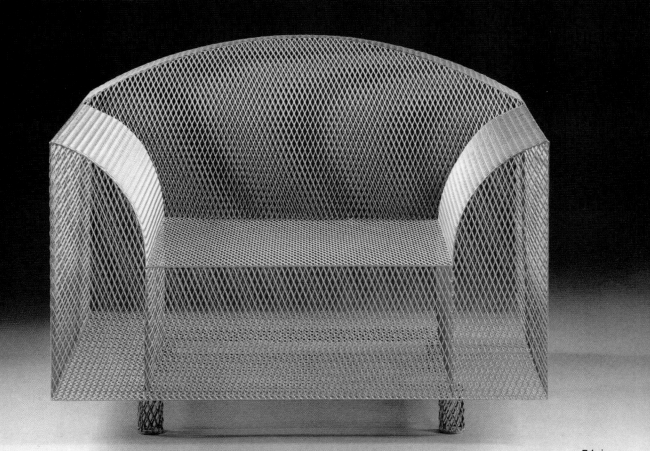

意大利"孟菲斯"设计师集团是后现代主义在设计界最有影响的组织。他们反对一切固有观念,反对将生活铸成固定模式,并且认为功能不仅是物质上的,也是文化上的、精神上的。"孟菲斯"努力把设计变成大众文化的一部分,因此在家具造型上夸张但不怪诞,色彩明艳活泼,目的是使人们精神得到愉悦,生活更加舒适。

图2-54　Pesce于1987年设计的装饰主义座椅,利用羊毛毡夸大椅背的造型,具有王者的风范

图2-55　普劳斯特的扶手椅
设计:阿里桑德罗·曼迪尼(Alessandro Mendini,生于1931年)
时间:1978年

6. 仿生设计（20世纪70年代初提出至今）

仿生设计是一门新兴的边缘交叉学科，是在仿生学的基础上发展起来的。它通过研究自然界生物系统的功能结构和运行模式等特征，并有选择性地在设计过程中应用这些原理和特征进行模仿设计，探索利用仿生形态解决设计产品问题的方法。仿生设计主要包括形态的仿生、功能的仿生、结构和材料的仿生。

大自然中万事万物的空间形态、结构、特征，都是生命本能地适应生长、进化环境的结果，仿生设计就是要通过向大自然学习来得到设计的启示，从而创造出更优良的家具产品。尤其是当今的信息时代，人们对产品设计提出新的课题，既注重功能特性的优良，又追求形态的清新、淳朴，同时还注重产品的独特个性和品质。提倡仿生设计，不但会创造功能完善、结构精美、用材得当、美妙绝伦的产品，同时能赋予家具形态以生命的象征，让设计回归自然，真正实现当今社会和谐发展的主题。

图2-56 人神合一的帝王椅
设计：大卫-伯雅尔
时间：1990年

图2-57 玫瑰椅，仿生设计流派作品
设计：Vmeda
时间：1990年

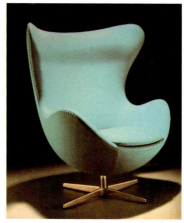

图2-58 蛋椅
设计：雅格步斯

7. 走向世界的多元融合时期

当今很难确定家具设计的潮流或风格，任何潮流一旦确立便开始失效，绝对强势的主流风格很难明确。

人们的需求日益多样化、个性化，新的面貌总在不断出现，设计已经成为助推家具发展的重要媒介。家具正在经历着历史上发展最快、普及最广的阶段。

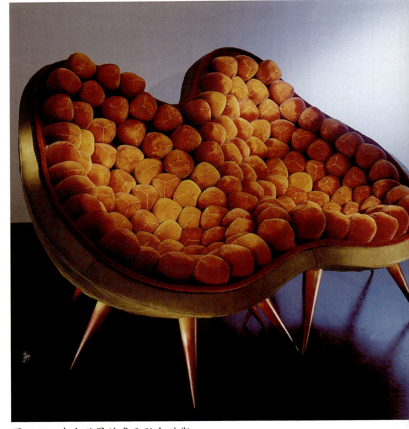

图2-59　走向世界的多元融合时期

图2-60

图2-61

第3

第3章 家具设计与人体工程学

第一节 家具人体工程学

人体工程学又叫人类工学或人类工程学,是第二次世界大战后发展起来的一门新学科,以实测、统计、分析为基本的研究方法。家具人体工程学则是在家具设计与制造的过程中,以人为主体,充分依照人的生理特征、心理效应,研究人与家具之间的协调关系,以人能够安全、舒适、高效地使用家具为最终目标。

具体而言,家具是为人服务的,它的尺度、造型、色彩等特性都要按照人的生理和心理尺度需求来完成。椅子坐起来舒服吗?在桌前工作能提高工作效率吗?橱柜会碰到人的头吗?……因此,一把椅子的座高及靠背的倾斜角度、一张桌子的高度及桌面宽度、一套橱柜的高低尺度及区域划分、家具布局中各个家具之间的空间距离尺度等,都需要根据人体尺度进行深入细致的研究与探讨。在这方面的研究,前人已经给我们留下了很多宝贵的经验,有待我们进行总结归纳与不断更新。

图3-1 文艺复兴时期人体比例图

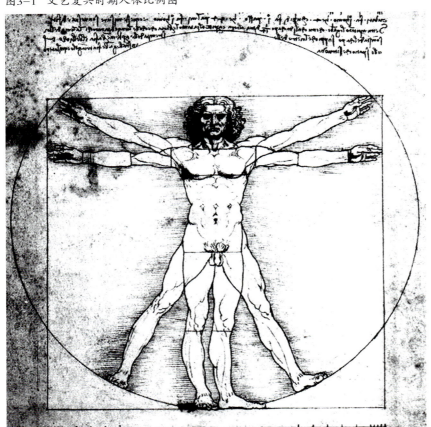

图3-2

第二节 人体基本数据

1. 人体构造

家具与人体的活动密切相关。人体活动是在神经系统对骨骼、关节、肌肉这三部分的支配下进行的。在家具人体工程学范畴中，要掌握人体的构造就要掌握人体内基本的骨骼、关节与肌肉的结构与特性。骨骼包括颅骨、躯干骨及四肢。在众多骨骼中，脊椎骨是其中比较复杂的一个部分，它不仅结构复杂，形态也与众不同，它可以通过传输大脑发出的命令来支配人体各个部位之间的运动。关节是两个或两个以上的骨骼连接处，有屈曲伸展及旋转活动功能。肌肉则通过收缩与舒展来牵引骨骼运动，使人的活动协调并有韧性。

2. 人体尺度

人体尺度主要是指人体结构的静态尺度，是人体工程学中最基本的数据。设计时应以此为依据分析人在不同环境中活动的最佳尺度，从而确立家具的尺寸结构。

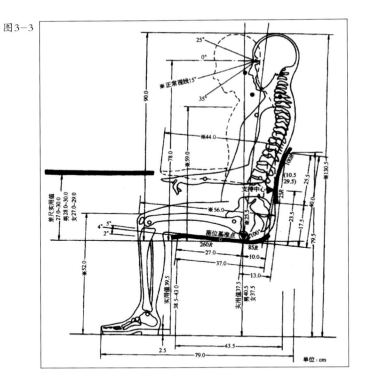

图3-3

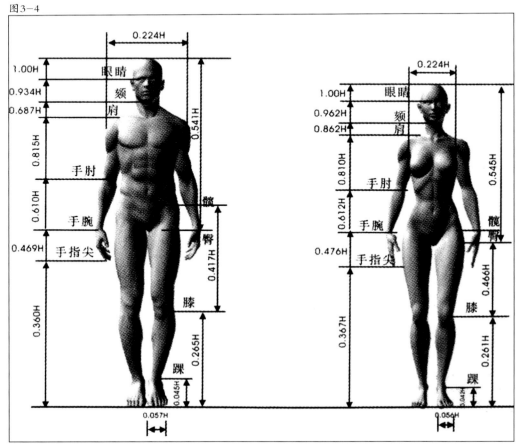

图3-4

3. 人体的动作域

人体的动作域是指人体在运动状态下的尺寸范围。这就要求我们对运动的基本趋势加以分析,以获得合适的动作尺寸范围,即动作域。

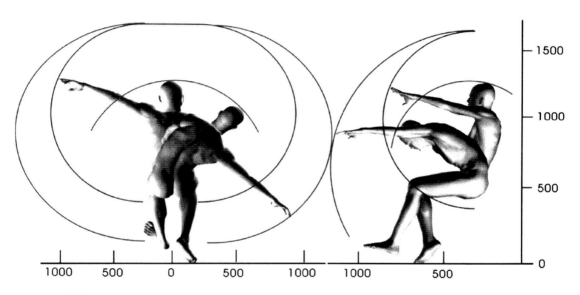

图3-5 动作域

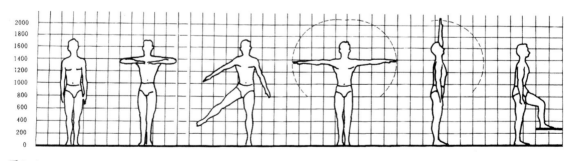

图3-6

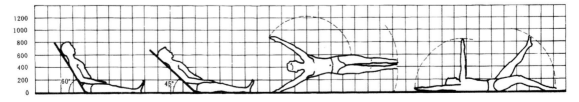

图3-7

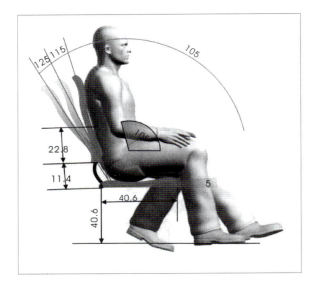

图3-8

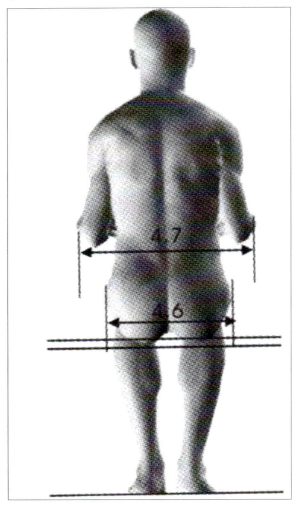

图3-9

第三节　人体与家具设计

在家具设计中，除人体尺度外，还要考虑人体体位的基准点。例如以人体立位基准点为参照的柜、服务台等；以人体坐位基准点为参照的座椅、桌等；以人体卧位基准点为参照的床、榻等。下面我们对几类家具的功能设计进行讨论。

◎ 一、坐类家具的功能设计

坐类家具主要包括凳、椅、沙发等。在考虑其功能设计时，不仅要考虑人静态——就座时的舒适度，还要考虑人在准备坐下或者准备离开座位时的舒适度。例如坐面如果过高，压力大部分集中到腿部，坐久了就会觉得腿部疲惫；坐面如果太低，压力大部分将集中在臀部和膝部，导致下半身血液流通受阻，人坐久了就感到下肢麻痹，坐下或站起的瞬间，自然也没有想象中的容易。在生活中我们可以看到很多过高或过低的坐面，过高的坐面常依靠下面的脚垫来保持人的舒适度，过低的坐面则常依靠厚厚的坐垫来保持人的舒适度。经过调查与统计，座椅坐面高在390～410毫米。沙发坐面高在350毫米、躺椅坐面高在200毫米最为适宜。

除坐面高度，坐具的坐面深度与靠背角度也需要考虑。坐面深度一般在330～410毫米，大于410毫米或小于330毫米，都会给人的大腿带来压迫感，使人坐得不舒服。普通椅靠背角度一般在90°至100°之间，休闲椅靠背角度一般在100°至110°之间，这样可以充分地放松人体肌肉。

◎ 二、凭倚类家具的功能设计

凭倚类家具包括书桌、餐桌、办公桌、工作台、茶几等。针对书桌、餐桌等人们需要长期使用的家具来说，其尺度一定要符合人体的结构尺寸，高度在640～710毫米。一般高于710毫米时人体需要向上用力才能伏到桌面上，低于640毫米时人体则需要全身收缩在一起才能伏到桌面上。至于茶几这类休闲用桌，人体不会长时间趴伏在上面，因此它的高度就比较低，一般在490～660毫米，这个高度范围不会阻碍人的空间视线，同时让人能够轻松使用。

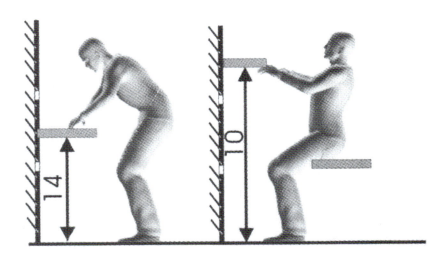

图3-10

图3-11

◎ 三、收纳类家具的功能设计

收纳类家具一般包括箱、柜等。箱是从上部开口，盛行于我国古代时期。柜则从前部开口，是今天人们常见到的收纳物品的家具。柜有很多种，如衣柜、橱柜、书柜、杂物柜、酒柜等，它们的用途不同，因而尺寸也不尽相同。除箱、柜之外，博古架、衣架等也属于收纳类家具。

与一般家具不同，收纳类家具要考虑这样两个问题：什么样的尺度能让人用得方便、舒适？什么样的尺度能让人轻松地收纳物品？收纳类家具一般都有外部结构和内部空间两部分：外部结构要考虑到人的结构尺度，使人能对家具使用自如；内部空间则要考虑物品的尺度，以物品能完整地置于其中并有一定的活动空间为宜。

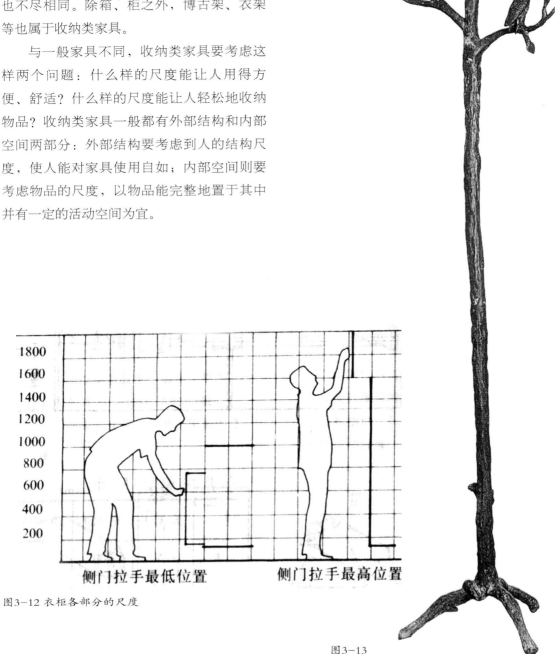

图3-12 衣柜各部分的尺度

图3-13

第4章 家具材料与结构设计

第4章 家具材料与结构设计

第一节 实木家具

实木家具是指由天然木材制成的家具，其表面一般都能清楚地显现木材天然的纹理。用实木制作家具一般应注意表现木材的天然色泽，多涂饰清漆或亚光漆等。

实木家具的形式有两种。一种是纯实木家具。这种家具不使用其他任何形式的人造板，所有用材包括桌面、门板、侧板等均为纯实木。纯实木家具对工艺及材质的要求较高，包括对实木的选材、烘干、指接、拼缝等都要求严格。如果某道工序把关不严，小则出现开裂、结合处松动等现象，大则导致整套家具变形，无法使用。另一种是仿实木家具。这种家具从外观上看与实木家具基本无差别，木材的自然纹理、手感及色泽都和实木家具一模一样。但仿实木家具是由实木和人造板混用合成的，即侧板、顶、底、搁板等部件用薄木贴面的刨花板或中密度纤维板，门和抽屉则采用实木。这种工艺降低了成本，节约了木材，价格也较纯实木家具低。

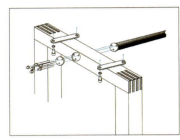

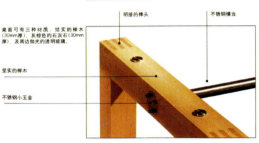

图4-1 "迈克斯"桌
设计：鲁德·爱克司南（Rund Ekstrand，瑞典人，生于1943年）
制作：Inrediningsform AB. Malmö. Sweden
时间：1992年
以较为简单、传统的方法制成，属于意料中的斯堪的纳维亚工匠的作品。这张桌子综合了北欧人简洁的木器风格。桌面是活动的，可以换成三种由不同材料制成的桌面。本品简洁明了，所有接头与小五金用品暴露无遗

第二节　板式家具

　　板式家具的主要用材是人造板。细木工板、胶合板(夹板)、刨花板(又叫微粒板、蔗渣板)、中密度纤维板等都是常见的人造板材。细木工板的性能有时会受板芯材质的影响；胶合板常用于制作需要弯曲变形的家具；刨花板材质疏松，仅用于低档家具；中密度纤维板是性价比最高、最常用的板材。

图4-2　绅士桌
设计制作：安德烈·哈希特(André Haarscheidt，瑞士人，生于1966年)
时间：1995年

该桌是标准的家具式样的典范，纯天然的材料不加修饰，木材的边缘未经任何处理，构造细节一览无余

第三节　软体家具

　　软体家具主要指的是沙发、床、软椅类家具。软体家具适用的范围很广。软椅沙发种类最多，根据不同的用料分为布艺沙发、皮沙发等。富于现代风格的软体沙发适合一般家庭选用，非常松软舒适，大多色彩清雅、线条简洁。近年较流行的沙发颜色是白米、米色等浅色，置于各种风格的居室感觉都不错。

图4-3

第四节　藤制家具

　　藤制家具极具中国传统文化气息，蕴含着自然与纯朴，有精巧细致之风，含古朴典雅之韵，具有强烈的艺术亲和力。在现代家庭中摆放几件藤制家具，不仅美观大方，而且可以体现主人的格调和品位，在时尚中透出几分朴素。客厅家具是藤艺家具中最为完美、最具风格的，藤编的客厅家具，细腻、流畅，尽显工艺美，充分体现出华贵与优雅的艺术特征。

　　藤制家具具有轻便和舒适等特点，柔顺又有弹性；具有色泽素雅、造型美观、结构轻巧、外观高雅、质地坚韧、淳朴自然等优点；还具有透气性强、手感清爽、有助于安神定气的特点。夏天采用藤制家具，对避暑和睡眠都将大有益处。

　　用于编织藤制家具的材料主要有竹藤、白藤和赤藤。我国南方藤资源丰富，几乎家家户户都使用藤器，人们习惯于使用由藤条做成的各种各样的用品。现代藤制家具的设计与制作与以前相比有较大发展，其造型华贵舒适、线条流畅柔和，颇有豪迈典雅的气派，又不失纯朴自然、清新爽快的风格，因而获得人们的广泛喜爱。

图4-4

图4-5 可爱扶手椅
设计：佩特·桑斯(Pete Sans)
时间：1987年

图4-6 Travasa于1966年设计的回归自然、亲切舒适的藤椅

第4章 家具材料与结构设计

第五节 金属家具

金属家具即用金属材料制成的家具。这种家具材料一般易于加工，机械化程度高，提高劳动效率的幅度大，因而产品成本低，这是木制家具达不到的。金属家具所用的薄壁管材和薄板可任意弯曲或一次成型，或通过冲压、锻、铸、模压、焊接等加工方式营造方、圆、尖、扁等不同造型，还可通过电镀、喷涂、敷塑等加工工艺获得多彩的表面装饰效果。

图4-7

金属家具的结构形式多种多样,通常有拆装、折叠、套叠、插接等。它可采用焊、铆、螺钉、销接等多种连接方式,制作出各种不同的造型。金属构件、辅助零部件、连接件还可以分散加工,互换性强。拆装式的金属家具,其零部件可拆卸,便于镀涂加工。折叠式的家具体积可以缩小,利于运输,减少费用。套叠式家具有外形美观、牢固度高等优点,还可以充分利用空间,减少占地面积和运输容积。

金属家具在人们生活中的使用范围越来越广,线条简洁明快的金属办公家具也很受欢迎,总的发展空间很大。

图4-8

图4-9

第六节　塑料家具

塑料家具是以塑料为主要材料制成的家具，市场上常见的是用硬质塑料模压成型的，其具有质轻、高强、耐水、表面光洁、易成型等特点。塑料家具在色彩和造型上均有独特风格，与其他材料如帆布、皮革等并用更能创造独特效果。

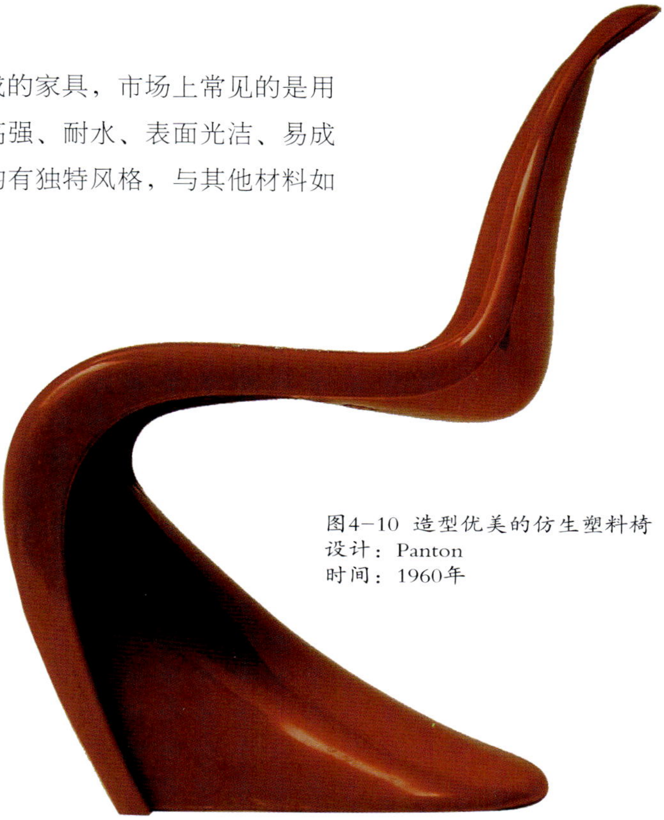

图4-10 造型优美的仿生塑料椅
设计：Panton
时间：1960年

图4-11

图4-12 "扑拉克"茶几
设计：Christopher Connel，澳大利亚人，Raoul C.Hogg，新西兰人
时间：1993年

桌面与桌腿都是通过模铸同一种物质而成，此物质含有回收的ABS（丙烯腈-丁二烯-苯乙烯）及回收的聚碳酸酯材料，通过树脂浇注而成

图4-13 "海腾"茶桌
设计：埃伦·约翰森(Ehlen Johansson，瑞典人)
时间：1992年

它的桌面可以拿下来作盘子使用，桌面放在一个鼓形的盛物用具上。用户可自己拼装。自从1993年以来，这种桌子每年都要生产28 000张

第七节 其他材料

最初的款式是以黄色PVC薄膜制成的,说明了本品的充气特征。最后定型一款桌腿是垂直的。

最后定型一款由0.3mm厚的透明PVC做成(400mm直径,286mm高)

两个0.2mm厚的铝盘(400mm直径,15mm厚)

桌腿顶部垫圈,截取自铝杆(37mm直径,27mm厚)

铝杆桌腿(9mm直径,150mm长)

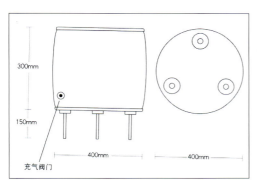

所有金属用料都经过油漆电喷。PVC气囊由火漆封口,铝盘直接粘在PVC上

图4-14 "充气"桌
设计:菲尔南多·堪帕那,匈伯尔托·堪帕那
时间:1996年

本款的桌腿可以拿掉,设计者制作了一张可以自我包装的桌子。气囊放气以后,仍然与上下两面的金属盘相连,易于捆置起来。它适于摆放在一张椅子旁,且价格公道,赏心悦目,适用性强。最后的成品是用透明PVC材料制成的

图4-15 药蜀葵大沙发(Large Marshmallow Sofa)
设计：乔治·内尔森(George Nelson)协会
制作：赫尔曼·米勒，美国
时间：约1955年
圆形的乳胶，泡沫塑料垫用易清洁的乙烯基面料包起来

图4-16 感觉椅(Felt Chair)
设计：玛克·纽森(Marc Newson)，生于1962年)
制造：卡普林尼(Cappellini)公司，意大利
时间：1994年
强化玻璃纤维聚酯外壳向后及向下形成曲线以构成支撑

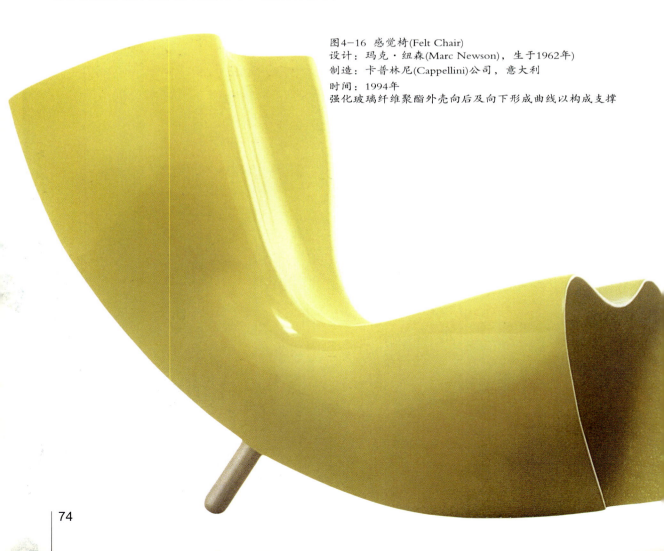

ART DESIGN

第4章 家具材料与结构设计

图4-17 "活力"椅
设计：Christopher Connel，澳大利亚人，生于1955年，Raoul C. Hogg，新西兰人，生于1955年
制作：MAP-Merchants of Australian Product Pty, Ltd，Victoria，Australia
时间：1992—1993年

此款椅子柔软、蜿蜒的形状和复杂的结构使人想起设计者的话："挑战自己的创作极限。"椅子聚氨酯模型中包裹着轻质钢管支架，椅子内部起支撑作用的两部分钢制框架由椅子腰部的一个特殊的托架相连(椅子的背和座在此处相连)，这个托架可以为椅背提供一定的弹力。它还采用100%的纯羊毛装饰织物和一系列在家具中不常用的颜色

图4-18 "拉格罗"桌
设计：维多里奥·利维(Vittorio Livi，意大利人，生于1944年)
制作：FiamItalia S.P.A.Tavultia (PS)，Italy
时间：1984年

成立于1972年的菲亚姆(Fiam)公司以其大胆的整块玻璃家具而闻名。这款桌子是从整块平玻璃上切割下来后，再加热软化制作而成的。与该公司别的较复杂的玻璃家具相比，它明显地简洁而富于创意，令人耳目一新

ART DESIGN
家具设计基础

图4-19 "圆斑"童椅
设计：彼特·慕道奇
时间：1963年

图4-20 环保纸质材料制成的接待台

第4章 家具材料与结构设计

图4-21

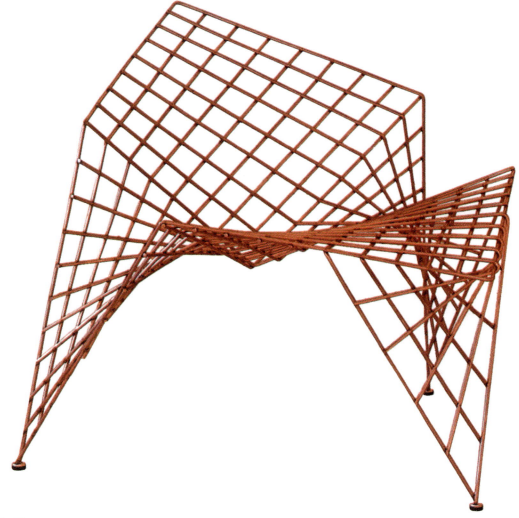

图4-22

图4-23

图4-24

第5

第5章 家具制图

室内空间设计的重要角色离不开家具,家具在室内既要完成其使用功能,又要起到美化空间的作用。家具的造型及风格直接影响到室内设计的风格,所以在室内设计中一般要绘制大量的家具图样,以供室内设计工程师现场制作,或由家具厂依据图纸加工。所以,了解和掌握家具图样的绘制办法和表现手段是十分重要的。本章按照《家具制图》QB/T1338-1991国家制定,主要介绍家具设计图和装配图的画法,以及最新的电脑软件在家具设计表现中的应用。

图5-1　　　图5-2

第一节　家具设计图和装配图

一件家具从设计到生产出成品,通常要经过以下过程:
(1) 根据用户及设计要求画出设计草图。
(2) 选择设计草图,修改后画出设计图及效果图。
(3) 依据设计图画出家具结构装配图,做出实样。
(4) 对大批量生产的家具要依据装配图画出必要的零部件图。
(5) 生产。

图5-3

各种图样在生产中均有不同的作用,在家具设计中画哪些图样,取决于生产批量、加工条件、质量要求等。一般情况下,对于手工制作的单件家具,只要画出设计图即可;而对于机械化生产的批量家具,必须画出装配图,甚至零部件图。

图5-4

家具设计中的图纸有:家具设计草图、家具设计图、家具结构装配图、家具部件图、家具零件图、家具刀具图、家具包装图、家具安装图。

图5-5

图5-6

第5章 家具制图

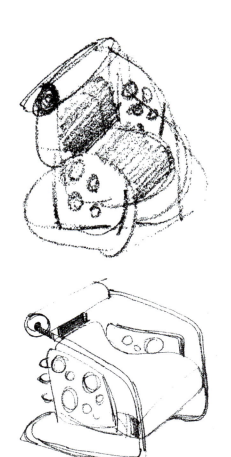

◎ 一、家具设计草图

家具设计草图是家具的原始设计图，主要用来表达家具的造型、尺度比例、装饰五金等外观效果。一般用透视图的表达方式，比例一般为1∶8；并需注明产品的形体规格及特殊要求。

◎ 二、家具设计图

家具设计图是在设计草图的基础上整理而成的。家具设计图统称为大样图。出口家具的设计图一般使用英制，国内家具设计图一般为公制。设计图主要用于样板的开发及刀具、模具的制作和结构设计时的依据。家具设计图要求用1∶1的比例绘制，要有详尽的三视图标示清楚家具图形的外观形状及结构要求；对于在三视图中无法表达清楚的地方，需使用局部视图和向视图表示，适当配以文字描述，表述家具所用材料、技术要求及修改记录等。再现阶段大量电脑美术的应用从制图CAD的平面表达一直到后期效果图渲染，都可以运用电脑软件来完成。

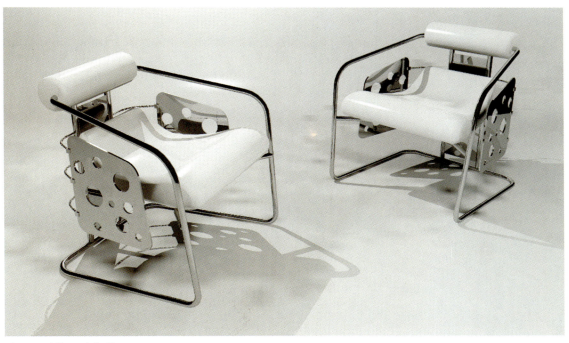

图5-7 设计：冯芬君

◎ 三、家具设计实务制图

1. 家具结构装配图

家具结构装配图是表达家具内外详细结构的图样，在满足设计图所表达的尺寸、形状、结构条件下，详细表达材料、尺寸、功能及零部件间的装配关系。结构装配图主要用于指导家具产品的装配，要求把各零部件的装配尺寸在图上用完整尺寸表达出来。

2. 家具部件图

家具部件图是表达零部件装配关系的图样。部件图用来指导部件的加工及装配，图样要有部件加工及装配所必须的尺寸依据及技术要求。

图 5-8

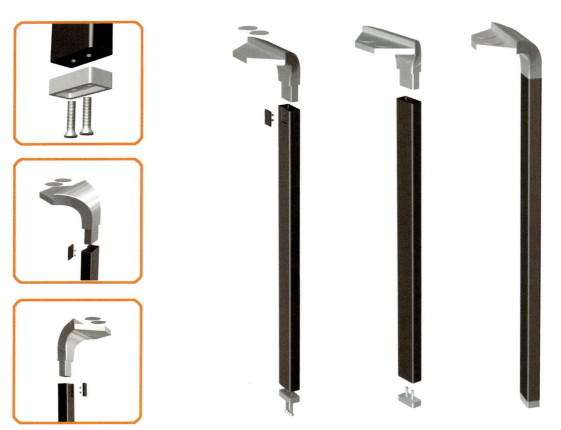

3. 家具零件图

家具零件图是用来表达家具零件的形状、大小以及零件加工所必需的尺寸的图样，用于指导零件的加工。零件主视图的选择要以反映该零件的主要形状特征为主，同时也要反映该零件的主要加工位置；对于细微或不易表达的部位，应用局部详图表达，要标注加工所必需的尺寸及工艺技术要求。

图5-9

4．家具刀具图

家具刀具图是根据家具设计图中零件的截面轮廓形状绘制的用于制作刀具的图样。刀具图用来指导刀具制作，同时是刀具在使用时的检验标准。刀具图必须根据设计图上零件的垂直截面轮廓绘制，比例为1∶1。

5．家具包装图

家具包装图是指导家具包装的图样。包装图上必须清楚地标示包装材料的数量及摆放位置，同时至少需要两个视图来说明家具的包装方法，主要材料编号后对应填写材料明细表。

6．家具安装图

家具安装图是用来指导家具安装的图样。安装图包括标题、拆装步骤、五金及零部件明细表、拆装简图四部分。

图5-10

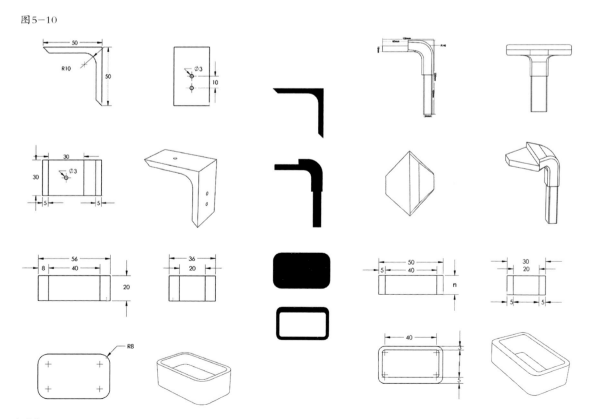

◎ 五、局部放大图

将家具或其零部件的部分结构，用大于基本视图或原图所用比例画出的图形称局部放大图。

在家具机构装配图中，局部详图起着十分重要的作用。由于它能将家具的一些结构特点、连接方式、较小零件的真实形状以及装饰图案等以较大比例的图形来表达清楚，所以在图样中被广泛采用。局部详图大多采用1∶1或1∶2的比例画出。

局部详图由于只画一部分，因此，假想折断部分就要用折断线画出，折断线的长度应超过轮廓线3～5毫米，且常去水平和垂直方向，避免画成斜的。

局部放大图可画成基本视图、剖视图、剖面图，它与被放大部分的表达方式无关。

◎ 六、解构示意图

解构示意图一般通过3D效果图分解显示家具的各个部分，它能比较真实地表现家具组合构件，表达直接，可读性强。

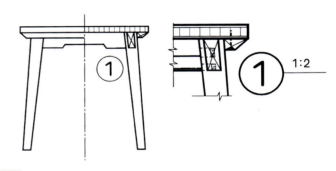

图5-14 局部详图

◎ 四、剖面图

剖面图就是假想用剖切面将家具的某部分切断，仅画出断面图形的图样。剖面图分重合剖面图及移出剖面图两种类型。

1.重合剖面图

将剖面图形直接画在视图轮廓线内部的图样叫重合剖面图。

(1)重合剖面图本身轮廓画细实线，而原来视图上的线条均应保留不动。

(2)用剖切面表示雕饰时，可只画出雕饰部分。

2.移出剖面图

将剖面图形画在视图轮廓线外面的图样叫移出剖面图。

(1)移出剖面的轮廓线是粗细和原来视图的可见轮廓线一样的实线，且剖面图尽量画在剖切符号或剖切平面迹线的延长线上（剖切平面迹线是剖切平面与投影面的交线，用点画线表示）。

(2)当剖切形状对称时，也可画在视图的中断处。

(3)也可将剖面图画在其他适当的地方，但必须标注字母。

剖面图的标注方法：

(1)当剖面形状对称，且画在剖切平面迹线或其延长线上时，可用点画线代替剖切符号。

(2)剖面若对称，投影方向可不标注。

(3)重合剖面不必标注字母，移出剖面画在剖切平面迹线上时，也不用标注字母。

(4)移出剖面可以画成与原视图不同的比例，但必须标注比例（规定把要表示的部位标注清楚尺寸时，可不用标注比例）。

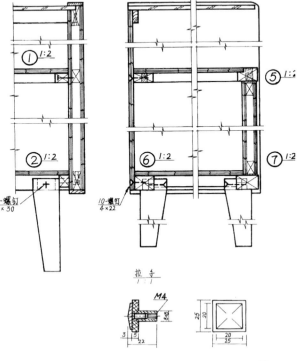

图5-13

◎ 三、剖视图

假想用剖切面剖开家具或其零部件,将处在观察者和剖切面之间的部分移去,再将其余下部分向投影面投影所得的图形即为剖视图。剖视图分为全剖视图、半剖视图、局部剖视图、阶梯剖视图、旋转剖视图五类。

剖视位置与剖视图的标注:

(1)在剖视图上方应标出图名,如"A-A"。在相应的视图上要用剖切符号标示剖切位置,并标注上同样的字母。

(2)当剖切平面的位置处于对称平面或清楚明确、不致引起误解时,允许不标注剖切符号。

(3)当单一剖切平面的剖切位置明显时,局部剖视图的标注允许省略。

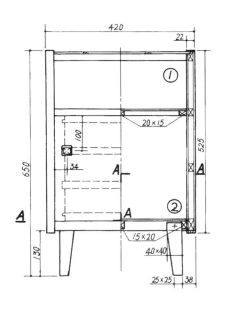
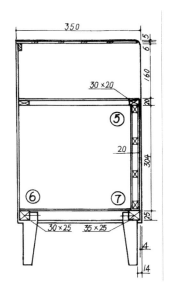
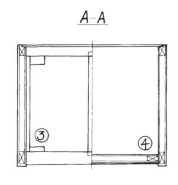
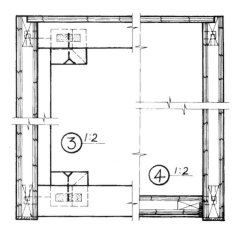

图5-12

第二节 基本制图

◎ 一、基本视图

家具向基本投影面投影所得的主视图、俯视图、左视图、右视图、仰视图、后视图等六种视图叫基本视图。

家具制图采用主视图、俯视图、左视图等三种视图作为基本视图。家具制图时必须按照严格的投影关系绘制基本视图,非必要时其位置不可随意挪动;主视图的选择要能充分显示该家具及其零部件的形状特征;整件家具一般以家具的正面作为主视图的投影方向。

◎ 二、透视图

透视图能够真实反映家具的视觉形象,一般有一点透视图、两点透视图、轴侧图。

图5-11

第6章 家具课堂教学

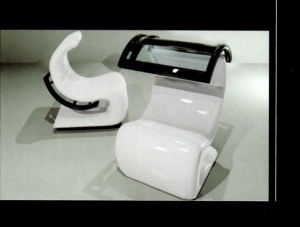

第6章 家具课堂教学

21世纪的今天是一个空前开放和信息庞大的时代，教师不再是知识量的权威，大学课堂也不是灌注式地给予，教会学生思考的方式和经历过程的苦与乐才是我们课堂教学的重点。大学的课堂里有很多教学方法可以尝试，我们需要的是大胆的想象和活跃的课堂状态，不必过于受现实的拘束，应让学生们尽量徜徉在自己的设计世界。教师所要做的就是适时的引导，毕竟设计不是靠怪诞和变异来吸引观者的眼球，尽量帮助他们把握住一条有价值的线索，才能逐渐靠近教学的课堂目标。

第一节 教学第一阶段——发散性与集中性思维的培养

发现问题：

面对任何事物——"这是什么？"学会用眼睛分析事物，在广泛的事物中寻找，最大限度地褪去既有的常态外衣，才可能化身为全新的形象，这是一种刺激而令人疲惫的寻找。这一阶段，任何事物都会给予我们某种闪光的可能，扩散性思维使捕捉视野不断扩展，此时，眼光的敏感度、前瞻性就显得尤为重要。通过视觉刺激大脑进行逻辑比较，慢慢地，那些具有特别内涵、与众不同的点子就会浮现出来。一个设计人员最好的状态就是具有这样无数的点子可以切入主题，点子越多，选择、比较的余地越大，越容易澄清思路从而逼近目标。

评价标准：

1. 是否算得上一个值得解决的问题？
2. 是不是一个在同学现有解决能力范围内的问题？

第6章 家具课堂教学

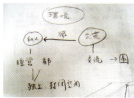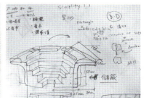

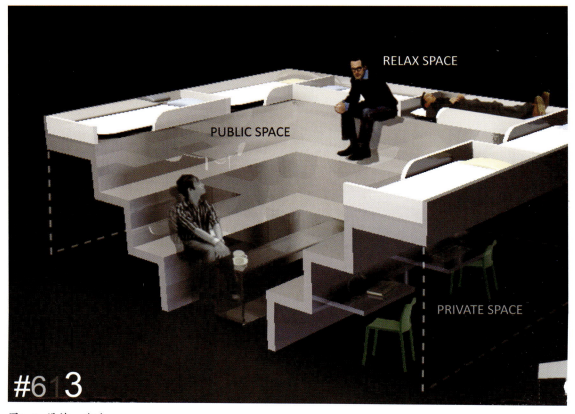

图6-1 设计：沈瞳

图 6-2
设 计：
沈瞳

第二节 教学第二阶段——深入扩展能力的培养

分析问题：

  目标一旦锁定，就不应轻言放弃，思考的过程会弥散着无数意象的碎片，每一块碎片都有闪光的可能。每一个事物的延展都会有多样的价值形式，多元化触摸才会让平凡之物获得不平凡的特质。物象给予观者的信息各有差别，一切独立物象和思考主体的碰撞，都发生在一个个思绪闪耀的瞬间，捕捉瞬间价值的方法就显得特别重要和有意义，同时，犹豫、怀疑、不确定，甚至放弃，也造成了这一阶段的最大障碍。所以保持良好的职业积极性，才会辨别是与非，最大限度地挖掘潜存的宝贵价值。

评价标准：

1. 分析过程是否建立在明确了解相关问题已有解决先例的基础上？
2. 分析过程的切入点是否独特？价值情况如何？

图6-3 设计：陈愿

第三节　教学第三阶段——表达塑造能力的培养

解决问题：

　　再好的想法最终都要实实在在地落于纸面。一个好的想法再配以精湛的表达手段，就会使设计插上双翼，在不断完善的过程中走向细化，逐渐逼近目标。使目标个性化并赋予其不同凡响的意义和超乎寻常的视觉感受。

评价标准：

1. 提出的方法能否深入解决问题？
2. 解决方法是否巧妙、独特？
3. 视觉冲击、物象力量是否令人感动？

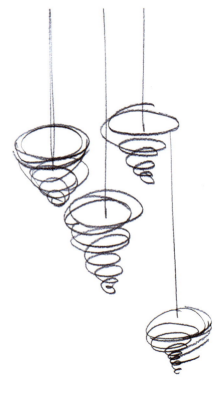

图6-4 设计：徐海平

一个班

设计：刘芳羽

图6-6 叉椅
设计：苏正华

图6-7
设计：于洋

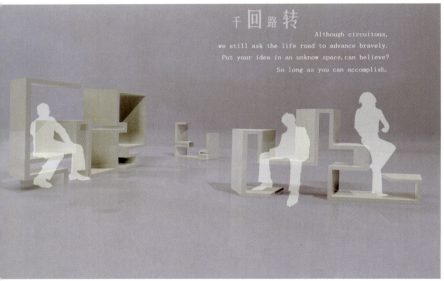

图6-8
设计：何丹

图6-9 "扯蛋"
设计：王维

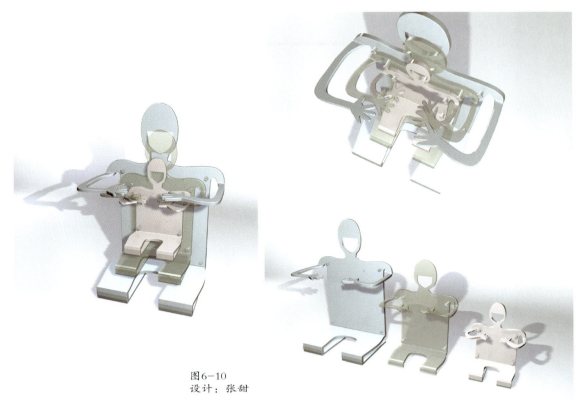

图6-10
设计：张甜

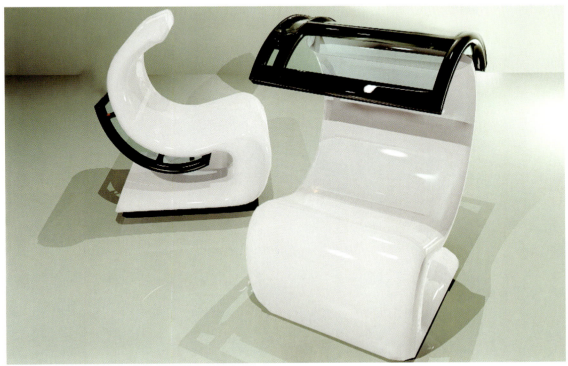

图6-11 遮阳椅
沐浴柔和的风、细润的光，松散与休闲的感觉已然洒满庭院
设计：史旭

图6-12
设计：张宇

第7章 家具新产品设计实践

第7章 家具新产品设计实践

教学与实践结合,从伊甸园式的自由回到理性的现实,在实践中体验设计的真正归宿,才能把握好家具设计人才培养的确切方向。

第一节 家具新产品的概念

◎ 一、创新家具产品的含义

中国企业现阶段的营销现状,使得新产品的概念已经成为产品创新的最大障碍,产品创新必须从改变新产品概念开始。家具产品创新是指提供具有新的功能、新的结构或款式的家具。它不仅仅指运用新技术、新材料,或具备新功能、新结构、新形式的家具产品,新家具产品的形成还必须依赖营销的传播效应。从现代营销角度来讲,只要改变了消费者对产品的认知,就是新产品。创新也不是一次即停的,只有连续不断的创新才能跟上市场的节奏。企业在一次创新成功之后,就必须考虑下一次创新的契机,否则就会被竞争对手赶上。

图7-1 中央美术学院D9工作室作品

◎ 二、家具产品创新的法律意义

产品创新阶段，要保护企业自身利益，首先在新家具设计开发阶段就要避免出现侵权的可能。其次要尽量自我创新，即使做不到完全创新，也要有明显改进。再次是对自己的家具产品要及时申请专利，用法律手段保护自身利益，同时加快家具新产品投入市场的速度，尽早占领市场份额。

◎ 三、家具产品的外观设计专利

外观设计专利是指：对家具的形状、图案、色彩或者其结合所做出的富有美感并适于工业上应用的新设计。它与发明或实用新型完全不同，即外观设计不是技术方案，其保护期是10年。

图7-2 设计：冯芬君

第二节　市场资讯调查与设计策划

◎ 一、市场资讯全面调查

家具新产品的开发，需要进行大量的市场资讯调查，调查内容主要包括市场上的供求状况、市场品种结构以及投资者结构等几方面。

◎ 二、设计策划

家具设计策划是企业在资源及市场的约束下，为达到企业目标所进行的各种构思、计划及实施的过程。家具企业为了解决现存的问题，需要提出新颖的概念和创新的理念，并利用和整合各种资源，制定出具体可行的方案，达到实现预期利益目标的过程。

图7-3

第三节 设计创意与设计定位

◎ 一、新家具创意

新家具创意是一种破旧立新的创造,它打破常规,产生一种闪光的震撼。简而言之,新家具创意就是设计具有新颖性和创造性的家具。

◎ 二、最佳目标的设计定位

家具市场定位是指家具企业根据竞争者现有家具产品在市场上所处的位置,针对顾客对该类产品某些特征或属性的重视程度,为本企业家具产品塑造与众不同的鲜明形象,并将这种形象生动地传递给顾客,使本企业与他企业严格区分开来,同时使顾客明显地感觉和认识到这种差别,从而使该家具产品在市场上占据最佳的位置。

图7-4

第四节 设计表达与设计深化

◎ 一、初步设计与创意草图

就家具产品开发的初步设计而言,手绘表现能力尤为重要,功力越深,所思考的形象就越完美。作为家具设计者,应具备优秀的草图创意和徒手作画的能力。随意的概念草图能以简练的线条表达出许多用文字难以表达清楚的"想法";下笔应快而流畅,不要求精细的描画,只要迅速勾勒出脑海中一闪即逝的灵感火花,并稍事渲染就可以。

草图分为概念草图、提炼草图和结构草图等几种。在整个设计构思中,需要有众多草图表达阶段性的想法;再把大家的草图汇聚起来研讨,用新的草图对设计思路进行归纳、提炼和修改,集思广益,激发灵感,不断深入和完善,形成初步的设计造型形象。在这个过程中,要使模糊的设计概念具体化,通过"模糊的发散触及—逐渐清洗的集中—深化扩展—再集中—再扩展"这种反复的螺旋上升的创意过程,形成最佳目标的初步设计方案。

图7-5

◎ 二、深化设计与细节研究

家具产品开发设计是一个系统化的过程。这个过程从最初的概念草图设计开始，逐步深入到家具的形态结构、材料、色彩等相关因素的整合、发展与完善，并不断辅助视觉化的图形语言表达，进一步用更完整的三视图和立体透视图的形式绘制出来，最后按比例绘出家具造型的形象，反映出家具主要的结构关系，明确家具各部分所使用的材料等，初步完成家具造型设计。在造型、材质、肌理、色彩、装饰等基础元素确定之后，再进行结构设计、零部件设计、结构的分解和剖析。

在家具深化设计与细节研究设计的阶段应加强与设计委托单位的交流，或到家具生产第一线——家具材料、家具五金配件的工厂、商场作实地考察，与生产部门多沟通，使家具深化设计进一步完善。

图7-6

◎ 三、三维立体效果图与模型制作

家具电脑效果图可以真实艺术地表现设计形象。家具设计者应熟练掌握3dmax、VaryView等软件的使用，尤其在高级渲染阶段，完美的使用才能最终完善前面的设计方案。

制作家具模型是家具设计过程的最后阶段，是研究设计、推敲比例、确定结构方式和材料选择与搭配的重要环节。通过制作模型能更准确地选定家具各部件的比例和尺度关系，进一步确认使用的材料和色彩，使其更具有真实感。

图7-7

第五节　家具市场营销策划

市场营销是企业以顾客的需要为出发点，有计划地组织各项经营活动，为顾客提供满意的商品和服务而实现企业盈利和发展目标的过程。

家具市场营销策划是一门复合型的学科，包含多种因素，它是由多门类知识综合、交叉、碰撞而形成的应用知识体系，包括市场营销策划地域、市场营销策划对象、市场营销产品研究、市场营销媒介信息、市场营销网站资料等内容。在满足消费者利益的基础上，家具市场营销策划主要研究如何根据市场需求来提供家具商品和服务，其目的在于深刻地认识和了解顾客，从而使家具产品或服务完全地适应市场的需要而形成家具产品的自我销售，最终将一种家具品牌成功地推向市场。

图7-8

第六节　编制新产品开发设计报告

编制新产品开发设计报告是现代设计师必须具备的一项基本专业技能。它既是开发设计工作和最终成果的形象记录，又是进一步提升和完善设计水平的总结性报告，以更全面地介绍推广新产品开发设计成果，为下一步产品生产做准备。

◎ 一、设计报告的规范要点

新产品开发设计报告首先必须有一个清晰的编目结构，将整个设计进程中的一个个主要环节定为表述要点，层层推进，要求概念清晰、内容详实、图文并茂、主题明确、视觉传达形象直观、版式封面设计讲究、装订工整。

把产品开发的核心内容作为编写的要点，并从这些核心内容向外扩展。从设计项目的确定、市场资讯调研与分析、设计定位与项目策划、初步设计草图创意、深化设计细节研究，到效果图与模型制作、生产工艺图等层层推进，最终展现整个产品开发设计的完整过程。

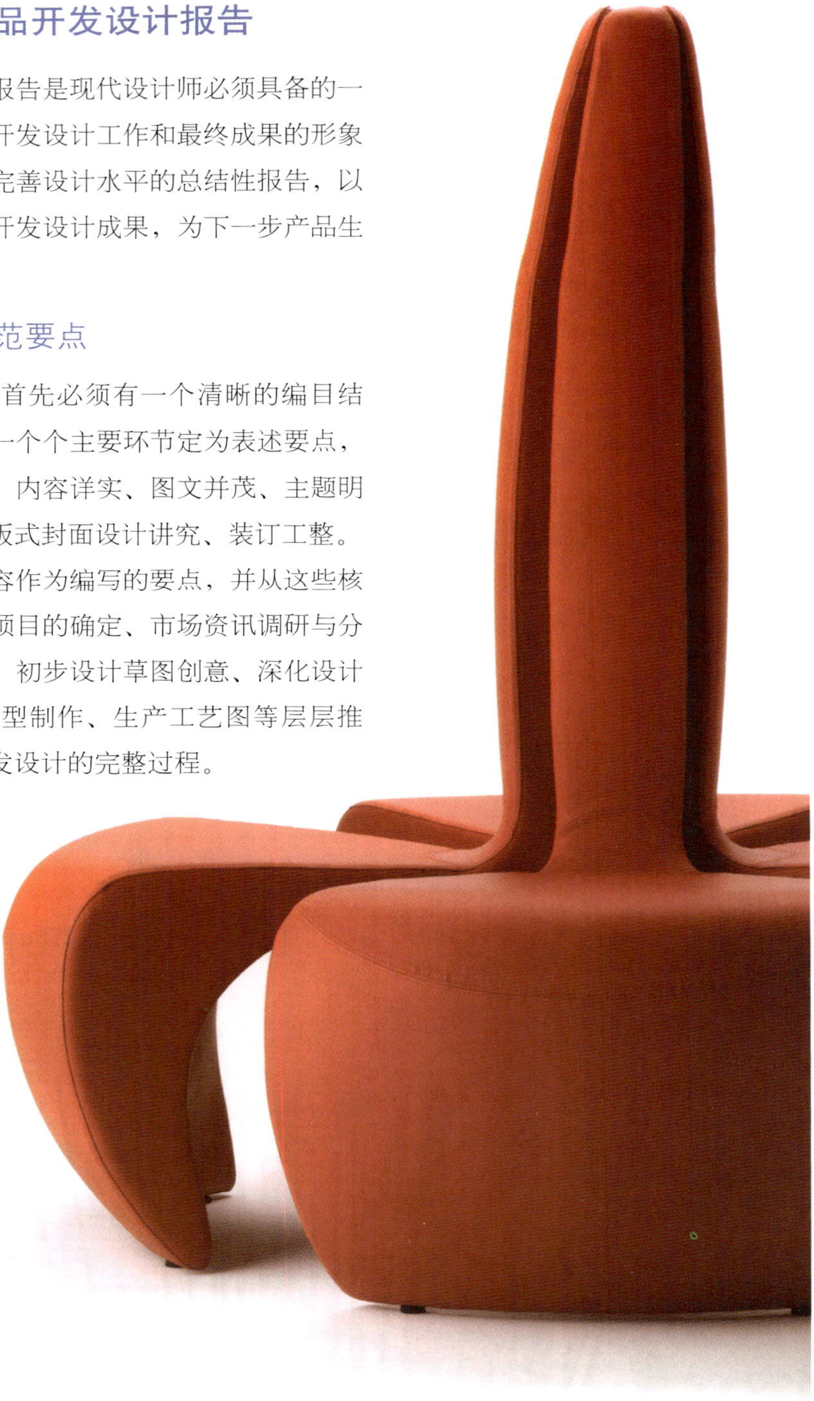

图7-9

ART DESIGN
第7章 家具新产品设计实践

◎ 二、新产品设计开发报告书编写实例

高档硬木家具（红木）
设计前期市场调研报告

D9

中央美术学院 冯芬君等

图7-10

一、从设计角度看红木家具

高档硬木家具一直以来都是以高端家具的姿态占据着高档家具市场的主要份额，其特点有：用料及做工考究，硬木材料十分珍贵，且具有深厚的文化底蕴，与名车一样是身份地位的象征，有传代的价值等。这些特点也是高档硬木家具最主要的卖点。但是，在现代社会，人们选择家具的范围不断扩大，而且随着生活节奏的加快，追求舒适与个性化的消费者逐渐成为消费主流，如果高档硬木家具还像以前一样仅凭着材料及做工优势，很难适应现代的消费导向。举个例子，一个具有相当购买力的消费者，什么可以吸引他，放弃舒适、几近慵懒的现代家具与象征身份的消费品牌，而首先考虑高档硬木家具。一份来自第八届中国家具展览会的调查资料显示消费者对家具的要求依次顺序为：

1. 无毒、无害，环保性能好。
2. 使用舒适。
3. 进口产品，值得信赖。
4. 喜欢它的颜色，实用；产品外观大方。
5. 牢固且搬运方便。
6. 价格合适，与别人家中的家具不同。
7. 喜欢它的用材。
8. 它是国内名牌产品。
9. 与我家住房尺寸匹配。
10. 价格低，可随时更换新家具。

由以上的顺序，我们不难看出，现代家具都可以不同程度满足这些要求，然而高档硬木家具能做到几点？虽然高档硬木家具有自己一部分特定的消费群体，但如何将高档硬木家具与现代家具的差别拉大，即如何发挥高档硬木家具自身优势，避重就轻地提高自身卖点，更大范围地赢得那些在红木与现代之间犹豫不决的中期势力消费者。对于这方面的问题与要求，专业的家具产品设计知识与经验可以帮助高档硬木家具在拓展新产品、迎合市场方面得到意想不到的惊人效果。

二、我们的设计工作

家具设计不仅仅设计一个产品的形态、一种功能，更多地体现一种生活文化。多元的生活方式决定我们的设计也需要多元化。从设计理论的层面上，家具设计实质是在探讨人们的生活方式，规划人们的生活细节。从家具企业运作一个实际项目的角度讲，设计工作被赋予了两层含义：1、设计的基础工作体现，形式上与功能上的设计，具体的产品。2、从产品战略高度，涉及到产品受众、生产者、竞争对手等的一个设计策略问题。其将设计方案上升至家具设计的战略规划高度，不单指某一件产品的设计，而是适用于市场竞争环境下的产品线方向策划。也许它最终还是要体现在一些具体的产品设计中，但它的理念将在实施过程中扩展其发展的空间。明晰的战略思路，使设计在竞争中为生产者提供区别于对手的更系统、更有保证的攻击利剑及持久战中的后续力量。

作为家具产品设计师，与手工艺者·结构设计师·工程师·美术工作者的区别，主要体现在我们的工作是通过设计家具把思想物化，从而利用商品代表生产者直接与消费者对话。这种作用尤其在企业将商品力转向品牌力的过程中更加突出。如图1。

在设计上升到战略规划高度时，一套有效且可操作性强的产品规划方案，可以为您全面提供产品运作中的核心竞争力的基础。这也是设计师可以提供的无法取代的重要作用之一。

图7-11

109

三、从世界流行家具的趋势中能够得到的启示

尽管高档硬木家具属于特殊材质的高档家具产品,但其仍属于家具范畴,这就不可避免的要受到其它现代家具潮流带来的冲击。从宏观角度讲,高档硬木家具要与其它高档现代家具竞争家具的高端市场,就要知己知彼,一方面明确自身的优势;另一方面,吸收现代家具在时代感与人性化设计上的优势,完善自身的发展。以往的高档硬木家具,不论在造型以及工艺上大多适用着传统硬木家具的模式,但是这种传统家具模式是否适应现代人的生活节奏,尚是一个值得思考的问题。不过,从下面对世界家具流行趋势的分析,希望有助于确立高档硬木家具在宏观上的发展方向。

意大利米兰家具展

功能第一提供舒适
世界各国的家具设计者、制造者的研究开发愈来愈向实用方向发展,在保证美观、新颖的同时,更注重使用功能,将实用、舒适作为第一位。如意大的多人沙发,分割成两个独立的靠背,连接件可自由旋转,靠背既可以相向而对,还可以连成整体;而用于客厅的搁物架,是由多个规则或不规则的物块组成,由于其颜色艳丽并具有相当的厚度,因此既可以用作墙面的点缀,又能放置物品。

造型多样设计前卫
家具造型的多元化,不仅明快清新的直线条依然盛行,而且弧线型、圆形、椭圆形、花瓣型等新鲜的设计也相映成趣。这些曲线在不经意间正在扮演着分隔空间、贴合人体结构和曲线等作用。它们都还有一个共同的特点,即一次成型,其间没有或很少连接件,以便节约材料和减少加工工序。

色彩丰富尽现魅力
鲜艳的大红、橙红色、草绿、明黄、亮紫等所有明快的色调都登场成为今年以及未来几年内的流行主角。很多设计师都选用了一种艳丽的颜色为主打色,来设计整套家具,通过不同的材质来表现不同的设计理念。另外,透明色大出风头,从茶几、卧室、电脑桌到橱柜都能看到它的风采。但是简约主义的代表色白色、黑色以及原木色继续受到肯定,仍然有广大、稳定的市场。

新兴材料共同加盟
设计界目前更加注重自然、环保,因此利用天然材质做文章的也不少。有的藤制家具采用高科技方法制成,其设计奇巧美观,具有东方情调,表现了高度的艺术创造力,还有些设计将麻、竹与不锈钢、玻璃等结合设计,力图在材质的结合上有所突破和创新。另外,像海绵、纺织品、塑料等也大量运用于家具中。这些经过特殊处理过的材料质地柔软、成本较低,是公共区域的好选择。

图7-12

德国的家具设计与流行趋势

在德国举办的最重要的家具工业展览会是科隆(K?ln)的"国际家具博览会"(INTERNATIONALE MOEBELMESSE)。该展览每年举行一次,展出的主要内容为最新的家居设计、特色家具和农舍家具、起居室和卧室家居、软垫家具、桌子和椅子、电子数据处理系统、住宅照明、厨房和卫生间家具。近年德国的家具流行流行咖啡色、蜂蜜色、牛奶色、咖啡色和牛奶色混合也即牛奶咖啡。使用的材质仍流行枫木、榉木和非洲木材。沙发面料流行亚麻、藤和微型纤维,此外金属和毛玻璃也得到更广泛的应用。

总体而言,德国的家具设计与流行趋势具有如下特点:1.家具设计重视整体效果;2.家具设计考虑视觉和手感;3.重视人体工程学在家具设计中的应用;4.重视贯穿家具设计与生产过程中的环保问题;5.充分考虑价格因素。

丹麦的家具设计与流行趋势

从1980年至今,家具设计发展最令人感兴趣的特点主要是走自己的路,没有被变化无常的各种潮流所影响,比如后现代主义、高技术、80年代的新经典、90年代初重拾旧梦的艺术装饰及新功能主义,乃至60年代设计风格怀旧式的追求—所有这些1980年以后被引入在科隆和米兰举办的大型家具展销会上的新思潮,后来全都销声匿迹了。但是,丹麦的家具设计师和制造商没有追赶这个潮流。这不是由于害怕潮流,而是由根深蒂固的不愿被另想天开的潮流所控制的思想所支配。与此相反,他们继续发扬和完美北欧现代主义风格,这主要体现在对生产工艺和质量的关注,对人体结构学,审美学、用途和需求的深入分析研究,并充分考虑形式和功能以及合理生产的统一。这种工作方法在过去的五六年里,吸引了国际上同行们广泛的注意力,并争相仿效,人们又看到了三四十年代丹麦家具设"黄金时代"的情形。

依传统面创新,这一精神将会成为丹麦家具设计风格在未来的许多年里处于领先地位的保证。

综上所述,我们的高档硬木家具产品如何面对世界家具的挑战,而独树一帜?如何通过设计在宏观市场中,占领更多的份额。如果没有创新,现有的高档硬木家具消费群体会越来越少。

图7-13

四、对于市场中有购买力的消费人群的分析

人们理想中的家具产品应具备的性能：

1）舒适实用——"好"的占80%；"一般"的占20%。
从上面的回答，我们可以知道顾客对产品的基本要求了。

2）搬运方便——"好"的占44%；"一般"的占30%；"无所谓"的占10%。
现代居室环境应注重"以人为本"的功能需求，而像过去那样把家具作为摆设，放置后"威然不动"甚至于"传家接代"，已不能适应人们生活方式的变化了。

3）家具颜色——"与室内装修协调"占36%；"是我喜欢的颜色"占24%；"反映木材色"占12%；而"无所谓"的几乎没有。
家具的色调与现代居室环境相协调，同时又能体现出主人的性情和爱好，将是未来家具流行色调的个性化主题。因此，作为家具设计师应密切关注身边流行色的变化和各种职业人员对色彩的喜好。

4）购买价格——"再低一点"占52%；"无所谓"占48%。
这对现在家具市场上越演越烈的"价格战"是一个"停战"的信号，我们可以看到消费者对价格优势不是唯一的选择目标（当然，这与消费层次有所关联），"性价比"才是理智的消费观念。

5）环保要求——"无毒无害"占60%；"符合有关规定"占16%；"无所谓"占4%。
我们可以看到，"无毒无害"的家具是每一个消费者的强烈愿望，只不过他们从专业角度上，对环保型家具的质量检测标准还不太清楚，只要"符合有关规定"就可以了。所以说，我们的家具生产厂家应该多为顾客着想，严格把握环保检测标准将，将专业化的标准解释为通俗易懂、一目了然的大众化说明，使大家买得放心，用得放心。

6）家具用材——"木材"占42%；"人造板"占6%；"金属"占5%；"塑料"占2%；"皮革"占10%；"织物"占12%；"玻璃"占16%；"其他"占7%。
用"木材"制作家具是人们心目中永恒的想法，关键是怎样把木材的品质发挥得淋漓尽致。另外，"玻璃"、"织物"和"皮革"等材料体现家具产品的质感和亲和力，也受到了人们的欢迎。

7）使用年限——大多数集中在"5~8年"占36%；"10~15年"占28%；而"30年以上"只占6%。
家具，在人们的心目中并不要"传家接代"了，作为一般的耐用消费品，只要5~10年的使用价值就足够了。这为家具产品的升级换代，进行未来市场的供需预测，提供了宏观的参考依据。

8）参与设计——"能"占48%；"一般"占30%；"无所谓"占6%。
从上面的回答可以看出，消费者有近一半的人愿意与家具生产的厂商一块进行设计产品，形成供需互动的营销新模式。这在国外的家具商场比较普遍，比如在家具店设立专职的室内设计师和厂家的设计人员，为顾客的房间布置和配套家具提供专业依据和方案。

9）希望家具——"与众不同"占34%；"跟上时髦"占8%；"只要自己喜欢就行"占46%。
家具的"时尚化"引起了业界的关注，而不赶时髦，追求个性是现代居家的概念，是从"跟从型"消费转向"理智型"消费的具体表现。所以，家具生产厂商不应该急功近利，盲目跟从"热销"产品，也许您现的产品就有人喜欢呢。

10）符合身份——"是"占84%；"无所谓"占16%。
由于职业与身份的不同，消费者偏爱能反映自己职业特点和个人爱好的家具产品，因而能符合自己身份的家具产品成为了大家追求的共识。

图7-14

高档硬木家具，受材料及工艺的影响，其成本是相当高的，这就限定了购买者的范围。在中国市场，具有相应购买力的消费者不外乎高收入的白领及金领阶层，收入稳定且颇丰的政府公务员，企业公装，以及个别极端喜爱高档硬木家具的收藏者。这其中占大部分的消费群体应属于所谓的中国中产阶层。

中国的中等收入阶级

如今，关于中产阶级的流行定义是这样的：他们大多从事脑力劳动，主要靠工资与薪金谋生，一般受过良好教育，具有专业知识和较强的职业能力及相应的家庭消费能力；有一定的闲暇，追求生活质量，对其劳动、工作对象一般都拥有一定的管理权和支配权。同时，他们大多具有良好的公民、公德意识及相应修养。换言之，从经济地位、政治地位和社会文化地位上看，他们均居于现阶段社会的中间水平。这是一个貌似明晰、实则含混的定义，就是这样含混的定义，也仍旧有人表示不同意。这个定义强调的是职业(职务)和经济收入。

自十六大报告中提出未来若干年在我国要大力发展中等收入阶层，一些政治嗅觉灵敏的经济学人就将中等收入阶层与时髦的中产阶级画上了等号。

都市■领在家装方■不约而同地"■衣轻食"，是一种越来越注重生活享受的体现。都市白领由于经常出入一些社交场合，对于衣服鞋子的要求也就很高，同时这些人的收入一般都较为可观，既合得也有条件添置许多衣物鞋子。尤其是一些时尚的白领女性，有时甚至一套衣服或者一双不同颜色的袜子就搭配一双不同款式、颜色的鞋，因此，衣服多鞋子也多，这样一来，家庭装修先为衣服鞋子考虑地方也就不足为奇了。也是出于上述原因，都市白领自己在家做饭的机会很少，即使偶然在家吃饭，往往买点方便面就可以对付付付。因此在装修时当然不注重餐桌和厨房。

白领女性化精致的府髅女，看《ELLE》、《时尚》，追随杂志刊的潮流节拍享受生活；她们高学历、高薪水，出入高尚写字楼和智能化的住宅小区。她们注重品位，讲究情调，需要一种思想的火花点缀生活。

中■的中等收入阶层主要是1.私营企业主和个体户；2.国有企业承包或租赁经营人员；3.股市上的成功者；4.三资企业的高级员工；5.有技术发明的专利人员；6.演艺界、体育界的明星；7.部分新经济的CEO；8.部分律师、经纪人和广告人员；9.部分归国人才；10.部分学者、专家；11.能将科技成果转化为产业的科研人员；12.金融证券业的中高层管理人员；13.中介机构的专业人员，如律师、会计师、评估师等；14.股市的一些股民也有可能成为中产阶级的一员。

中■阶层最爱买时尚杂志以修正自己的品位。最爱逛名牌或精心淘到的个性服饰彰显自己的品位。他们的衣柜里一般会有几套西装以备不同重大场合之需。中产阶层在吃上也同样和潮流同步。但有一点，餐厅还是有情调一点的优先，最好是有点典故、透着高深的。他们在夕阳西下时泡吧，"怎敛他晚来风急"的淡淡悲凄将白领丽人的情调挥洒得恰到好处。在懒洋洋的午后坐在咖啡馆里上网，英文报纸、时髦的无边眼镜、一杯卡布其诺、一台笔记本电脑。

面对这样有购买力的群体，高档硬木家具需要更准确的产品定位，更具小资情调或是新古典主义的产品特点及浪漫情怀，来吸引这一消费群体的注意。从右图的数据中，我们不难看出现有的高档硬木家具产品面临极大挑战。不论从外观，还是功能，就现有的硬木家具产品而言，几乎不能满足消费者的主要需求。

图7-15

五、高档硬木家具的市场现状

报告前面所述的是从宏观角度分析高档硬木家具在整个家具市场面临的挑战与问题，下面将针对现有的高档硬木家具市场进行概述分析。

（一）产品方向

1. 仿古家具

现在市场上所出售的高档硬木家具，从造型与工艺上摹仿中国传统的明式家具成为主流产品。其中明朝时家具的风格，简洁流畅，造型饱满，具有很深厚的传统文化的底蕴；清朝时的家具则侧重雕工的繁琐与装饰效果，追求几近奢华的雕花与镶嵌装饰。仿古家具除了摹仿明式家具以外，还对一些具有地方特色的民间实木家具及木制日用品进行翻造。仿古家具中还包括一些针对追求传统风格家装设计的产品，例如旧的木门、木格栅、木把手、雕花柱饰等。

2. 仿欧式古典家具

利用实木材料，加上布棉软包的工艺，仿欧式风格的家具也占据着高档硬木家具一部分产品份额。这一类的家具多摹仿欧洲19世纪罗可可风格及巴洛克风格，装饰繁杂，虽然极近奢华，但缺乏现代感与文化气息。在中国市场上，这类家具主要是系列沙发、软包椅子、桌子等产品。对比仿古家具的市场产品份额，仿欧式古典家具所占的市场产品比例还是较少的。

3. 中西结合式家具

中西结合一直是大多数设计者普遍探讨过的话题，体现在家具设计上，便形成各式各样的中西结合式家具。一种结合方式是将传统造型、材料、符号、纹样解构，再融入西方现代主义的元素，使二者重构，产生新的家具风格。另一种结合方式是从人的生活方式的转变入手，利用中式家具的形式进行改良以适应现代人的生活节奏。还有其他许多关于中西结合的探索与尝试，尽管有些结合得不伦不类，但总体来看，这部分的产品还是有一定的创新意义。虽然其所占的市场产品份额很少，甚至这类产品大部分属于设计师的自我创作，小批量或为顾客量身定制，总之，其渐渐形成了自己独特的市场需求及产品风格。

4. 创新性的试验家具

这种创新性的试验家具对比中西结合式家具，探索性与试验性更强，形式及功能上的束缚较少，从而可以较前卫、较自由地创新。这类产品现阶段仅作为类似"T"台秀的概念设计，样板间内体现特殊风格的室内家具，新生活方式的探讨等。由于这类产品尚不能到达批量生产的要求，因此仅能够在设计研发机构如设计院校，设计公司等地方见到或买到这样的产品。值得一提的是，市场对于这类能够满足个性化需求的产品非常的急需。随着家具时尚趋势的蔓延，以及家具定制时代的复出，这都为此类产品开拓了市场。然而，就此类产品，如何与工厂批量化生产相结合，一直是没有很好解决的问题。不过，高档硬木家具生产的半手工化，半作坊式的生产模式，也许会成为二者结合的良好平台。随着新的产品以及生产模式的诞生，将建立全新的销售方式及渠道，使设计、生产、消费者三者更紧密的结合。

图7-16

（二）现有产品范围

1. 适应传统家居生活的仿古家具

市场上销售的仿古家具，完全按照传统家具样式制作，家具产品的种类多椅子、桌子、床榻、柜子等（如四出头官帽椅、交椅等）。由做工面分南北两派，北派粗犷豪放，线条简洁流畅；南派雕工精细，装饰极其丰富。总的来讲，尽管此类产品传统文化气息很浓郁，但其产品形式不太适合现代人的生活居住节奏，市场上对其的需求，也只是为了在个别空间气氛中做点缀之用。

2. 具有收藏价值的古董家具

此类产品极其特殊，其不以实用为目的，只是就其木料、年代等区分其收藏价值。此类产品数量少，价格极高，只有一小部分特定收藏爱好的消费群体光顾此类商品，其中国外的旅游者及收藏者对这一类的家具较感兴趣。因此，仿古家具做旧，也包括在这一类产品中。

3. 适应传统家居生活的各式日用品

实木不仅可以制作家具，在过去，还是一般生活用品的制作材料，如木制的榨汁机、压面器、镜台、餐具、儿童车等。虽然这些传统形式的器具早已被现代的工业产品所代替，但是，偶尔回味一下古拙的传统生活，这种需求还是为此类产品保留了一小块市场。

4. 适应传统风格装修的装饰材料

现在的装修市场对体现传统风格的设计需求量很大，这就要求体现传统风格的装饰材料及半成品来满足这种需求，传统的木窗格、木门框、木门板、柱饰等半成品似的装饰材料作为商品出现在市场上，且销量颇丰。

5. 适应现代生活的改良家具产品

为适应现代人的家居环境，保留传统的工艺及材料优势，借鉴现代人生活起居的方式，对二者进行结合，制作较现代的实木家具。如，木制沙发、视听柜、茶几、躺椅、餐桌椅等。此类产品实用性强，更符合现代消费的需要，市场需求量很大，但至今成功的设计较少。

6. 创新家具产品

以全新的概念打造全新的产品，可以引领高档硬木家具乃至现代家具生活的潮流。这样的创新产品是近年来家具界的焦点产品，其关系到中国的家具企业加工立型作坊式生产向创新型企业转变的关键，甚至自身品牌的打造，参与国际竞争的关键。在以后，中国进入相对稳的市场之后，创新产品成为企业生死存亡的关键。然而，由于现在的大多数家具企业靠接外单加工，抄袭，仍可存活，因此都不太重视自身创新产品的开发。因此这方面的产品极少。

图7-17

第7章 家具新产品设计实践

（三）北京的市场现状

具体到北京的高档硬木家具市场，从以下几个方面分析，反映了一些状况：

1. **现代高档硬木家具商场**（中粮广场、燕莎商城等）

   在这里出售的家具大都属于适应高端市场的高档家具，其中还包括家具饰品、灯具，以及其它日用家具产品等。这里的高档家具主要来自意大利、德国、丹麦等欧洲国家的知名品牌，其中一些家具是用实木材料制成，配合如皮革、贵金属等材料，价格极高。除此之外，也有一些专售明式家具的店铺，这些硬木家具仍保留传统家具的样式与风格，在产品展示上营造较好的传统文化气氛，吸引顾客。但就产品本身而言，没有什么突出的卖点。总而言之，这里的家具基本上追求简洁、现代、高档的特点，也有一些新古典主义风格的欧式家具，较符合北京高档家具消费市场的需求与品位。

2. **仿古家具市场**（高碑店仿古家具村）

   这里大部分以手工作坊、前店后厂的形式存在，产品来源主要由各地民间收购上来的旧家具修补改装而成，也有一部分家具根据"明清家具图典"中的款式仿制而成。虽然这里整个村都作这些产品，但各家产品区别不大，价格属中上等。雕花窗格、木栏板、木雕饰品也是这一地区的重要产品类别，这里也可以为消费者量身定制传统家具或样式加工。

3. **潘家园古物市场**

   这里是北京最大的古物及旧货交易市场，各种古玩、饰品、收藏品非常丰富。其中古董家具（包括仿制家具）也是其中一大类产品。这些商品全部属于古典家具范畴，收藏及玩赏的成分较多。

4. **一般大型家具商城**（玉泉营、国美）

   在北京，占较大市场份额的家具销售地点，要数几家大型综合性家具商城。在这些商城里，有许多专门出售高档硬木家具的摊位。这些家具有仿古式的，也有结合现代人生活特点的仿古改良式样，如沙发样式的几套件、餐台桌椅几套件等。这些家具用材主要以红木为主，造型简洁的产品销量较好，价格较高。

5. **传统家具专卖店**

   市场上，对于家具的推广，大多推概念、打品牌，在实际产品较量前，先进行推广大战。在高档硬木家具专卖店中，全部是依据此模式建立营销市场，以专业者的身份占领一部分此类产品的市场份额。其家具产品也会融入一些新的设计理念，但总体而言，更准确的市场定位及市场推广，是此类商家的生存之道。

6. **个体家具设计制作团体**

   为适应极高端的定制高档硬木家具市场，一些个体的家具设计制作工作室或个体设计师占据着这块具有高附加值的市场。设计前卫，更符合消费者的要求，而且绝对满足家具的个性化需求，价格自然不言而喻。

7. **高档硬木家具博物馆**（紫檀宫）

从消费者的角度分析此类产品的卖点：

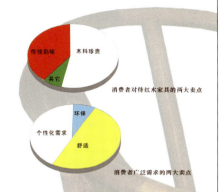

消费者对待红木家具的两大卖点

消费者广泛需求的两大卖点

由普遍的市场调研发现的一些问题：

1. 产品造型落后，无法满足消费者对现代家居生活的需要。
2. 传统家具市场相对饱和，对于高档硬木家具产品，没有新的概念及创新产品，很难进入这块市场。
3. 北京市场对高档硬木家具的审美大部分倾向于简洁的造型，少量的装饰，对于过分繁杂的雕刻装饰是很难接受的。
4. 此类产品的市场需求还是很大，但能符合这种需求的产品不多。

图7-18

六、产品战略策划

就产品战略这一完整概念来说，其内涵就远远超出了单纯的"产品设计"。后者仅指对产品自身形式的设计，仅从形式、色彩、结构、材料，几方面研究。而前者则进一步包括了作为商品的产品所应显示的一切商业价值上的设计，包括产品的设计方向、设计定位、产品线规划。

在日益激烈的竞争中，家具企业要为自己在竞争中增加取胜的筹码，开发区别于其它商家的新产品成为关键。在开发新产品方面不是仅仅凭一些运气和美术基础就可以解决的。这需要严谨的工作方法、专业的设计知识与经验，并且在设计前的产品线规划进行战略性策划。产品线策划是企业在商战中长盛不衰的保证之一。产品线策划可以防止其它企业抄袭你的优势产品，在别人抄袭你的优势产品时，你可以推出事先筹划好的换代产品，持续占有市场并引导市场消费。

"生产什么样的产品，选择哪一块消费群体……"等等都属于产品战略策划范畴，这块的工作可以为埋头加工的企业消除盲目，理清生产方向与生产思路，更准确的找到适合自身发展需要的道路。更准确地满足市场需求，树立自身产业乃至树立品牌效应。这也是企业在饱和市场之后，唯一把握发展机遇的办法。现在的家具生产商，特别是一些较大的家私集团及家具公司都开始重视这块工作，而且已经从中巩固了其在家具行业中的优势地位，收到了效益。如宜家、曲美、联邦、博洛尼、皇睪等。

由设计带来的产品高额附加值，可以使企业摆脱残酷的价格成本竞争，使企业加工作坊向效益企业转变。

对于高档硬木家具企业也面临同样的问题，全国各地制作红木家具的厂家极多，而市场需求相应较少，如何从竞争中脱颖而出，抢占更多的市场份额，是一个迫在眉睫、值得思考的问题。在这一点上，除了依靠设计还有什么其它出路呢？

图7-19

图7-20

此套方案设计的主题是：书巢雅居

高档硬木家具除了用材名贵之外，其本身有一重大特点，也是其它材料家具所不能比拟的。它是百年来的历史积累赋予高档硬木家具浓厚的传统文化气息与文学底蕴。没有任何一种材料比高档硬木材料更适合文化氛围的营造，因此本套方案的选题理所当然地瞄准了书房家具。历史上曾经也有一位大文学家将自己的书斋命名为"书巢"，这里借此名以表现本套方案的核心理念——书，文化书卷之气；巢，温馨雅舍之感。

本套家具设计方案，并不依循仿古家具的设计思路，结合现代书房的一些特点，例如考虑电脑的摆放位置，如何使椅子的尺度更适合现代人的办公状态。

既要适应现代人的书房需求，又要营造近于小资的文化情调，因此，在设计上，从传统的建筑装饰中寻找可利用的设计元素。

青石铺路，流水潺潺，刚刚下过的小雨润湿了院子外的石凳，冲刷一新的绿叶，伴着微风挥摸着衷心润肺的空气，深吸一口气，这种放松的感觉就是本套方案的设计元素之一。

历史上，但凡书香世家，传统上是要有书斋的，而书斋的装饰大都选取"冰裂纹"，意有冰冻三尺，非一日之寒的意思，暗示做学问的人要不断努力，倘若不下苦功，是不会有所成就的。本套方案提取"冰裂纹"为一种设计元素，也是承袭传统的治学风尚。

"窗对千根竹，屋藏万卷书"，推开门扉，一道阳光射入宁静的书斋，院内的鸟语花香随风飘了进来，屋内书架上一排排整齐烦闷的书卷也在此刻变得活泼了——整齐与活泼成为本套方案的第三种设计元素。

图7-21

此款设计一方面结合明式家具的简洁造型，另一方面吸收了国际家具设计大师芬．又的一些风格特点。红木与一些皮革软包工艺结合，一些铜制连接件起到画龙点睛的作用。

ART DESIGN
第7章 家具新产品设计实践

FURNITURE DESIGN D9

图7-22

略显方正的造型，微微呈梯形，在中正的整体效果中，找寻一些自由的变化。

D9

"书海赤兔椅"————用于书房及其它阅读学习空间

造型继承现代家具的简洁优势

材料体现古典韵味

椅子的灵感来源于鹿的四条腿和火烈鸟的颈

图7-23

115

图7-24

书架以单个柜体为一个单元，可通过一些铜制连接件任意组合总体的长度。字台设计为两部分，每一部分可单独使用。其一为书画字台；另一为电脑架。

图7-25

第8

第8章 家具大赛作品欣赏

◎ "2004中国家具设计大赛"作品

图8-1 一等奖"DIY坐&躺"椅系列
设计：余森林

ART DESIGN

第8章 家具大赛作品欣赏

顶视图

展开示意图

图8-2 一等奖
江南大学学生作品

119

◎ "2005中央美院'为坐而设计'家具设计大赛"作品

图8-3 金奖:齐进《卵生》

图8-4 银奖：邵帆《明绣墩》

图8-5 铜奖：范璠《自然》

图8-6 优秀设计奖：曹细《蚕茧》

图8-7 最佳制作奖：师建民《不锈钢椅》

图8-8 最佳制作奖：杨帆《旗袍椅》

◎ "2006Design—Engine家具设计比赛"作品

图8-9

图8-10

图8-11

家具设计基础

◎ 新加坡"SFIC2006家具设计大赛"作品

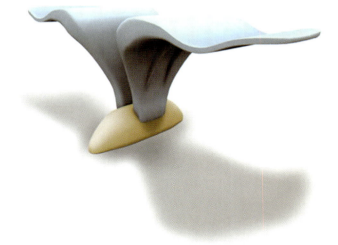

图8-12

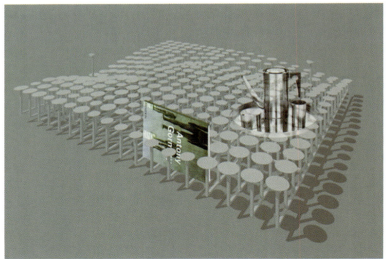

图8-13

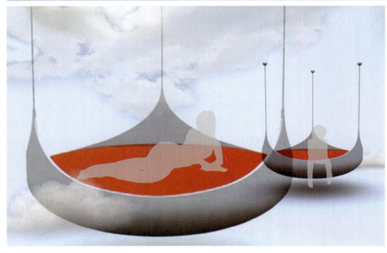

图8-14

◎ 新加坡"2007家具设计大赛"作品

图8-15 获得企业公开组最佳设计奖的泰国设计师阿尼翁·派罗和他的设计作品"蜂巢椅"

图8-16 获得青年设计师组金奖的刘邦俊和他的作品"鸟巢吊椅"

◎ "2008中国家具设计大赛"作品

图8-17 祥运司南(椅子)　　　　　　　图8-18

图8-19

◎ 2007 "国际家具设计竞赛" 入围作品

图 8-20

图 8-21

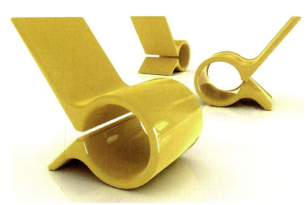

图 8-22

图 8-23

图 8-24

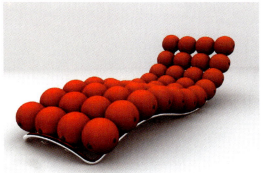

图 8-25

参考文献

1. 《北京文物精粹大系》编委会,北京市文物局编. 北京文物精粹大系·家具卷[M]. 北京:北京出版社,1999.
2. 王世襄编著. 明式家具珍藏[M]. 三联书店(香港)有限公司,文物出版社联合出版,1998.
3. 田家青. 清代家具珍藏[M],三联书店(香港)有限公司,2002.
4. 菲奥纳-贝克,基斯-贝克著. 20世纪家具[M]. 彭雁,詹凯,译. 北京:中国青年出版社,2002.
5. MD,2006(2),2006(6),2006(10),2007(6),2007(8),2007(9),2007(10),2008(1),2008(4),2008(5).
6. 国际家居,第56、60、61、65期.
7. 家具与室内设计,2008(6),2008(8),2008(9).
8. [美]梅尔-拜厄斯主编. 50款椅子[M]. 劳红娟,译. 北京:中国轻工业出版社,2000.
9. 刘秉琨编著. 环境人体工程学[M]. 上海:上海人民美术出版社,2007.
10. 中国装修论坛,http://bbs.roomage.com.
11. 首都师范大学环境艺术系学生作品.